Chocolate Dessert Recipe & Technique & Ganache & Sauce & Deco & Chocolate Dessert Recipe & Technique & Ganache & Sauce & Deco & Chocolate Dessert Recipe & Technique & Ganache & Sauce & Deco & Chocolate Dessert Recipe & Technique & Ganache & Sauce & Deco & Chocolate Dessert Recipe & Technique & Ganache & Sauce & Deco & Chocolate Dessert Recipe & Technique & Ganache & Sauce & Deco & Chocolate Dessert Recipe & Technique & Ganache & Sauce & Deco & Chocolate Dessert Recipe & Technique & Ganache & Sauce & Deco & Chocolate Dessert Recipe & Technique & Ganache & Sauce & Deco & Chocolate Dessert Recipe & Technique & Ganache & Sauce & Deco & Chocolate Dessert Recipe & Technique & Ganache & Sauce & Deco & Chocolate Dessert Recipe & Technique & Ganache & Sauce & Deco & Chocolate Dessert Recipe & Technique & Ganache & Sauce & Deco & Chocolate Dessert Recipe & Technique & Ganache & Sauce & Deco & Chocolate Dessert Recipe & Technique & Ganache & Sauce & Deco & Chocolate Dessert Recipe & Technique & Ganache & Sauce & Deco & Chocolate Dessert Recipe & Technique & Ganache & Sauce & Deco & Chocolate Dessert Recipe & Technique & Ganache & Sauce & Deco & Chocolate Dessert Recipe & Technique &

Chocolate Dessert Recipe & Technique & Ganache & Sau
& Deco &Chocolate Dessert Recipe & Technique & Ganac
& Sauce & Deco &Chocolate Dessert Recipe & Techniq
& Ganache & Sauce & Deco &Chocolate Dessert Recipe
Technique & Ganache & Sauce & Deco &Chocolate Dess
Recipe & Technique & Ganache & Sauce & Deco & Chocola
Dessert Recipe & Technique & Ganache & Sauce & De
&Chocolate Dessert Recipe & Technique & Ganache & Sau
& Deco &Chocolate Dessert Recipe & Technique & Ganac
& Sauce & Deco &Chocolate Dessert Recipe & Techniq
& Ganache & Sauce & Deco &Chocolate Dessert Recipe
Technique & Ganache & Sauce & Deco &Chocolate Dess
Recipe & Technique & Ganache & Sauce & Deco &Chocola
Dessert Recipe & Technique & Ganache & Sauce & De
&Chocolate Dessert Recipe & Technique & Ganache & Sau
& Deco &Chocolate Dessert Recipe & Technique & Ganac
& Sauce & Deco &Chocolate Dessert Recipe & Techniq
& Ganache & Sauce & Deco &Chocolate Dessert Recipe
Technique & Ganache & Sauce & Deco &Chocolate Desse
Recipe & Technique & Ganache & Sauce & Deco &Chocola
Dessert Recipe & Technique & Ganache & Sauce & De
&Chocolate Dessert Recipe & Technique & Ganache & Sau
& Deco &Chocolate Dessert Recipe & Technique & Ganac
& Sauce & Deco &Chocolate Dessert Recipe & Technique

# 人人都喜歡的
# 巧克力點心

## Chocolate Dessert Recipes, Techniques, Ganache, Sauce and Deco

從新手到進階都會做的蛋糕、慕斯、塔派、
餅乾、糖果、飲品和裝飾、醬汁

金一鳴 著

朱雀文化

# 人人都喜歡的
## *Content* 巧克力點心

從新手到進階都會做的蛋糕、慕斯、塔派、
餅乾、糖果、飲品和裝飾、醬汁

**塔・派・餅乾・糖果・飲品篇**
**Tart・Pie・Cookie・Candy・Drink**

# 食材・工具・
## 基本技巧和醬汁篇

*Ingredients・Utensils・Basic Skills and Sauce*

以下介紹製作本書巧克力點心的食材和工具，大多與一般烘焙工具可以互通使用，不需額外購買。此外，為了更豐富糕點的風味與裝飾，分享多種巧克力淋醬、抹醬、甘納許和裝飾的基本＆變化款配方和做法，希望讀者們順利學會。

# 主食材Ingredients
# 巧克力
## I 巧克力的產區

西元前1200年，奧梅克人（Olmeque）種下傳說中第一株可可樹後，就開啟了往後三千年的黑色苦甜風暴。初期可可豆的珍貴性等同於貨幣，只有上流階級的貴族與戰士消費得起。直到工業革命的大量生產，降低了巧克力的成本與價格，一般大眾終於可以品嘗到巧克力的美味。

可可豆的產區隨著赤道環繞世界一圈，這是因為可可樹的生長條件適合24～28℃的濕熱氣候，且年雨量在1500公釐平均分佈的降雨地區，因此赤道周邊稍高海拔700公尺以內的地區，以及南北緯20度以內的平原地區，就成為生長與照顧可可樹之地。可可樹生性嬌貴，除了要有上述氣候、濕度與降雨量的生長限制，甚至還需要栽種於大樹下，靠著林冠的遮蔭，與大樹排出的氮氣來滋養可可樹；目前中南美洲、中西非、南印與東南亞國家都是可可豆的生產區，其中光是西非就佔有全球產量的2/3。

量產後的巧克力以各種形狀、口味上市，受到大眾的喜愛。

## II 巧克力製程 3 步驟

果農們將可可果莢摘下，然後經過以下 3 個步驟的處理，完成巧克力的成品：

### 1 可可果莢→可可豆

當一年收穫兩次的可可果莢在樹上成熟時，果農會將採摘下的可可果莢劈開，去除膠質狀的果肉後，每個果莢約有40顆可可豆，接著將可可豆以香蕉葉包覆，進行為期近一週的三次發酵，在這過程中，生豆也會從白、紫色轉變成褐色。再經由人工曬場（1～2天）或自然日曬（2週）乾燥，讓可可豆的濕度從60％降至7％，到目前的處理過程都是在產地進行。

### 2 可可豆→可可膏

從產地運送到巧克力工廠的可可豆，經過清洗、去殼、搗碎後，即以110～140℃的溫度烘焙20～40分鐘，低溫短時間的烘焙能保留更多生豆原有的風味；而較高溫與長時間烘焙，則能增添較重烤焙風味，這時可可豆的濕度也已降至2％。烘焙後的可可豆再經過第一階段的研磨，就成了可可膏（pate），或稱為可可漿（liqueur de cacao）。可可膏是由45％具有可可風味的固形物，與55％無臭無味的可可脂（butter）組成，也可將糊狀的可可膏凝結成固體狀，若想增加可可風味又不希望甜度提高時，可將可可膏塊加入巧克力中。

### 3 可可膏→巧克力

將可可膏加入糖、可可脂、乳化劑（卵磷酯）混合後，以60～75℃的溫度攪拌，進行第二階段的研磨（也就是精磨），將巧克力的濕度再降至1％。經過精磨後的液態熱巧克力需經過三階段的調溫，讓巧克力固化且增加光澤，最後倒入模型中塑型、冷藏、脫模，才成為巧克力成品。

經過塑型、冷藏、脫模後的各式巧克力成品。

# III 巧克力的種類

## 1 調溫巧克力

如果在上面的製程中完全不添加可可脂以外油脂的巧克力，稱為調溫巧克力。依歐美標準至少需含35%的可可（其中18%為可可脂），可可脂的特性就是當溫度低於26℃時是固體，而溫度提高至約人體溫度34℃即開始融化，這也成為巧克力入口即溶的誘人口感特色。調溫巧克力融化時滑順又有著閃閃動人的光澤，自然成為最適合製作甜點的巧克力原料。本書中所使用的巧克力，都是指調溫巧克力。

A.黑巧克力：由主材料（可可膏、可可脂）和副材料（糖、乳化劑或香草）組成，依據可可成分不同，分成可可佔約50～60%的苦甜或半甜（bittersweet or semi-sweet chocolate），到60%以上的苦味和70%以上的特苦巧克力；可可含量越高，風味越濃郁，但因更容易凝固，和其他材料混合時也更易分離，所以操作時要更小心。

B.牛奶巧克力：將脫脂或全脂奶製品加入巧克力，讓可可含量保持在25～38%，奶製品的加入讓巧克力的風味溫和，但也因此較不易凝固，同時加熱時要更加避免其中的奶製品燒焦。

C.白巧克力：是由20～35%的可可脂、糖、乳化劑和乳製品組成，因為完全沒有可可固形物，當然沒有可可風味，反而具有香濃的煉乳味，也因此更不易凝固，所以加熱時必須更加小心。

## 2 裝飾巧克力

大多以調溫巧克力製作成各種外型的產品，例如做成咖啡豆形狀的巧克力，多用在裝飾。

## 3 可可仁粒

將烘烤過的可可豆碾成粗粒，想要強調可可豆的原有風味以及展現堅果般的口感時，可加在糕點表面，增加口感或裝飾，或是混合在奶油及麵團中增加風味。

5 可可粉
4 可可脂
3 可可仁粒
1 調溫巧克力
2 裝飾巧克力

## 4 可可脂

將可可膏以100℃強力壓榨，即可分離出其中的純油脂，也就是可可脂。提煉出來的可可脂會在製作調溫巧克力時加入，以增加巧克力的延展性和光澤，讓巧克力的口感更滑順。

## 5 可可粉

可可膏精煉出可可脂後會產生褐色的餅渣，再經過除臭過篩就成了可可粉，適合用於餅乾糕點。而市售的早餐飲品可可粉，則是從可可豆開始就加入糖、香料精製而成，並不適合糕餅使用。

## 6 市售巧克力（零食）

一般在超市、零售店開放架上陳列的巧克力塊，為了方便保存、降低成本，多使用其他植物油脂取代可可脂，當然口感風味無法跟調溫巧克力相比，雖可直接食用，但不適合加熱融化使用於甜點製作。

## Chef Tips! 小提醒

製作巧克力甜點時，除了可參照食譜上指定的可可含量巧克力，也可依個人喜愛甜度，在適當幅度內更換巧克力，或混搭不同種類與含量的巧克力一起使用。

6 市售巧克力（零食）

## IV 選購巧克力

即使美味的巧克力對我們身心有許多好處，但別忘了，適量與均衡始終是健康飲食的黃金原則，而且巧克力中添加的糖，和許多市售巧克力會以其他植物油或棕櫚油取代可可脂，這些添加的副材料反而對健康更不利，因此在經濟預算內，盡可能挑選高品質的巧克力，可可含量較高，相對地糖分也較低的巧克力。若是製作甜點，則選購食譜中標示的可可含量巧克力，以誤差值不超過5%的調溫巧克力為首選。烘焙材料行的調溫巧克力通常有磚塊狀、鈕釦等形狀，可以依取得與使用方便而選擇。

## V 保存巧克力

溫度與濕度是影響巧克力保存的兩大因素。巧克力的理想保存環境，是溫度12～20℃，濕度較低的陰涼場所。若環境理想，苦甜巧克力可保存長達數年，牛奶巧克力約1年，而白巧克力因其中奶製品成分較高，只能保存6～8個月。台灣的濕熱氣候實在不適合巧克力保存，特別是入夏後溫度開始接近30℃時，也是巧克力開始融化的溫度，這時唯一的選擇只有將巧克力裝入密封袋或容器，移入冰箱冷藏庫中溫度稍高之處（通常是蔬果室）。密封保存是為了減低冰箱內的濕度與避免其他食物氣味影響巧克力，但當從冰箱取出後，會發現巧克力表面產生粗糙的白色斑點，這是部分融解使糖的結晶堆積在表面，當外在環境溫度或濕度突然改變，就會造成巧克力表面的白霧狀，這也會影響巧克力的口感與味道，不過還是可以食用與使用。

# 其他食材Ingredients

鮮奶油

牛奶

蛋

## 鮮奶油、奶蛋

優質純牛奶提煉的動物性**鮮奶油**，不論是西式料理、巧克力餡料、甘納許、糕點都適合，挑選乳汁達40%以上為佳。選擇較少添加香精與調味的全脂**牛奶**，使用時需要多少再倒出多少，其餘盡速放回冰箱冷藏。本書中的**全蛋**是指去殼後淨重約55克的雞蛋，若是分蛋，則是指蛋黃20克、蛋白30克。從冰箱冷藏取出的蛋較容易分開蛋黃蛋白，而使用時則以回復室溫狀態較佳，要特別注意分蛋時，蛋白中不可殘留蛋黃，以免影響打發效果。

起司

## 起司

經過發酵的奶製品，它濃厚的奶香加上略帶鹹香的風味，為巧克力提供了融合與展現苦與甜的舞台。

## 糖

糕點製作一般以白色**細砂糖**為主，但添加於鮮奶油打發和部分配方、蛋糕裝飾會使用**糖粉**。想讓餅乾具獨特風味時可用**黃砂糖**。若是製作餡料、醬料和甘納許，也可替換其他種類的糖，如椰糖、**紅糖**和**蜂蜜**、**楓糖**增加風味，將糖單獨或和其他食材煮成焦糖搭配巧克力也是絕配。

核果

糖漬栗子

葡萄乾

無花果乾

龍眼乾

蔓越莓乾

楓糖

蜂蜜

黑糖

糖粉

細砂糖

黃砂糖

## 核果果乾

常與巧克力搭配的**核果**，主要如杏仁、核桃、花生、夏威夷果、榛果等。核果的油脂豐富，香味濃郁，可選擇已烘烤調味的市售成品，或是選購生核果自己烘炒。經過脫水乾燥後的果乾，風味比新鮮水果還要濃郁，因水分含量低，所以方便使用，可以直接與巧克力搭配製作，成品也不易變質。或是經過糖蜜、酒漬後再使用，像**無花果乾**、**葡萄乾**、**蔓越莓乾**和**糖漬栗子**等。

 肉豆蔻粉
 辣椒粉

 肉桂棒
 黑胡椒

## 辛香料

巧克力本身的風味十分強烈濃郁，若搭配適量刺激性的辛香料，不但不會搶走彼此風味，反而能勢均力敵地互相襯托平衡，同時也增添了神祕的異國風情。**肉桂棒、辣椒粉、黑胡椒、肉豆蔻**等，都是常加入巧克力的辛香料。

新鮮迷迭香　新鮮薄荷

乾燥薰衣草

肉豆蔻　乾燥月桂葉

## 香草

一般取自植物的花與葉。除了香味較濃郁的香草適合搭配黑巧克力，味道較清香芬芳的，更適合搭配牛奶或白巧克力。常使用的有玫瑰、**薰衣草、薄荷**和**迷迭香**、**月桂葉**等。

威士忌

檸檬酒　橙酒

蘭姆酒

## 酒

酒的可辨識芳香分子比巧克力更為豐富，更長時間的發酵釀造讓酒的風味更醇厚，搭配使用在巧克力甜點時，可增添多層次的成熟風味，常用的酒有用甘蔗釀造的**蘭姆酒**、以水果釀造的**橙酒**、**檸檬酒**，以及其他具特殊風味的**威士忌**等。

草莓果泥　芒果果泥

## 果泥

以冷凍技術保留了新鮮水果的風味，多用來製作軟糖、冰砂、冰淇淋、淋醬、慕斯、水果軟糖、冷凍甜點、巴巴露亞和醬汁等。

**茶**

大家熟知的三大類茶：來自台灣、中國的半發酵茶，如烏龍茶；來自印度的全發酵茶，如英式阿薩姆、伯爵茶；來自日本的未發酵茶，如抹茶。茶的味道更細緻清香，和巧克力搭配時必須更加謹慎巧妙，否則氣味容易被巧克力掩蓋，而悶泡過久的苦澀茶味又會破壞巧克力的風味。一般可依點心種類選用**茶包、茶葉和粉**。

茶葉

抹茶粉

茶包

芒果

柳橙

櫻桃

藍莓

草莓

酪梨

南瓜

**新鮮蔬果**

水果本是西式糕點中重要的風味食材，要有足夠香味與酸味特色的水果才能受巧克力青睞，不僅果肉、果汁，就連果皮都能搭配巧克力。常使用的有柑橘類、莓果類，像是**柳橙、櫻桃、草莓、藍莓**等，或一些具特色的異國風味水果，例如**酪梨、芒果**等。此外，像**南瓜**這種具有甜味的瓜果，製作甜點也很合適。

# 工具Utensils

傳統秤

電子秤

量匙

量杯

溫度計

## 測量

製作西點、巧克力的食材使用都需要較精準的份量，因此如秤（**傳統秤**和**電子秤**）、量匙、量杯等秤重的工具是基本和重要的工具。而溫度計則用在煮糖液、巧克力融化與調溫時，測量溫度達100℃的溫度計較適合。

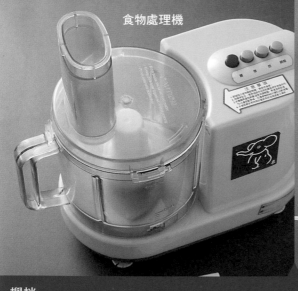

食物處理機

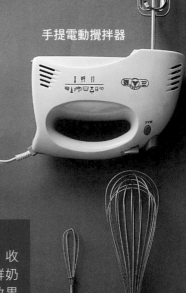

手提電動攪拌器

均質機

## 攪拌

可依照個人的需求以及製作的點心，選擇可省力、收納方便的**手提電動攪拌器**；打發混合少量雞蛋、鮮奶油等材料時用的**攪拌器（打蛋器）**，鋼圈較多的效果較佳；適合攪拌極少量醬汁的小攪拌器。另外，具有多樣功能，可攪打麵團、打碎食物的**食物處理機**、攪打少量泥狀食物的**均質機**，也是製作點心的好幫手。

攪拌器（打蛋器）

戚風模　紙杯

塔派模　中空模

杯模　戚風模

方形模　方形塔派模

長形塔派模　長形中空模　長形模

## 模具

基本的6或8吋圓形活動蛋糕模、戚風模，及其他較常用的磅蛋糕、塔派模、紙杯等，挑選較堅固不易變形的金屬材質為佳。此外，形狀上則有長形、方形和圓形等可供選擇。

刮刀

L型抹刀

平抹刀

刮板

## 擠花裝飾

將**擠花嘴**裝入擠花袋前端開口，然後裝填奶油或麵糊等擠出。建議準備基本的擠花嘴，像圓口、星形、菊花等；**擠花袋**則有可重複使用（可清洗）的以及拋棄式（單次使用）的。

各式擠花嘴

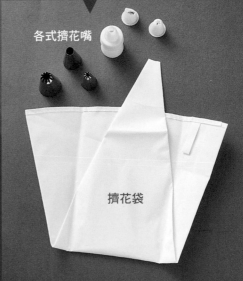

擠花袋

## 抹刀、刮刀

**刮板、刮刀（切麵刀）**有塑膠與金屬材質，除了抹平功用，也可用來分切麵團。若是弧度切口的塑膠刮板，則適合刮除攪拌缸盆的麵糊麵團。抹刀則用於抹平融化巧克力、打發奶油或麵糊表面，可準備一般**平抹刀**與**Y型抹刀**（又叫L型抹刀、彎曲抹刀）。

銅鍋

各式篩網

冷卻架

各式烤盤

## 篩網、煮鍋

**篩網**是用於過篩乾性粉類或濕性液體材料，過篩後均勻細緻，乾粉更加蓬鬆，混合濕性材料不易結塊，而濕性液體材料質地也更加滑順。**煮鍋**可選用不鏽鋼或銅鍋，多用於煮醬汁、液體保溫。

## 烤盤、冷卻架

準備適合家中烤箱的長方形**烤盤**，可準備深淺烤盤各一即可，另可依需求選用方形烤盤。當餅乾、蛋糕等點心出爐後，可先放在**冷卻架**上放涼，再包裝或食用。

## 擀麵棍

用於延展麵團成平均厚薄的麵皮，實木的**擀麵棍**重量適中也好操作，尺寸以40～50公分長、直徑5～8公分為佳。

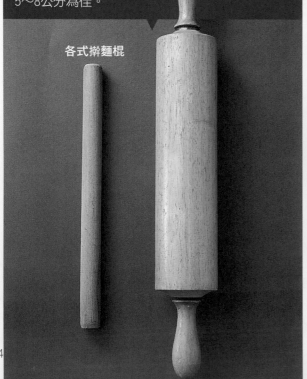

各式擀麵棍

## 烘焙紙、膠片

可用於防止麵糊、麵皮沾黏烤盤、模型，也可當作製作巧克力放置的墊紙，當巧克力凝結後可輕鬆剝離。有**烘焙紙**和**耐熱烤墊**可供選擇。**賽璐璐塑膠片**是製作巧克力裝飾時的好幫手，不僅可重複使用，製作出來的巧克力裝飾表面會更加閃亮美麗。

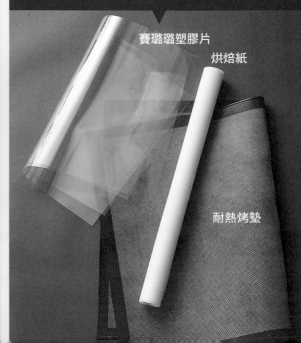

賽璐璐塑膠片

烘焙紙

耐熱烤墊

大理石板

各式砧板

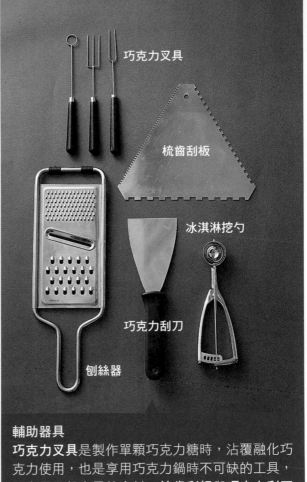

巧克力叉具

梳齒刮板

冰淇淋挖勺

巧克力刮刀

刨絲器

## 板子

表面較涼爽的**大理石板**，可提供巧克力和糕點麵團操作的工作檯面。但因為大理石比較重，建議選擇適合的大小，並且謹慎收納。**砧板**是處理食材必備工具。建議準備切生食、熟食、蔬果砧板各一，用畢即刻清洗且晾乾

## 輔助器具

**巧克力叉具**是製作單顆巧克力糖時，沾覆融化巧克力使用，也是享用巧克力鍋時不可缺的工具，可牢固叉起水果等食材。**梳齒刮板**與**巧克力刮刀**多用在製作巧克力裝飾片，可做出直線、曲線，以及推刮出巧克力捲片、切割巧克力片。**冰淇淋挖勺**用處多，可挖麵團、果肉。料理、點心用得到的**刨絲器**可以刨出細絲，是廚房好幫手。

# 基本技巧和醬汁Basic Skills and Sauce

## 切碎巧克力 *Chop Chocolate*

### 做法
### 直切法操作Knife

**1** 將巧克力塊放在乾淨、乾燥的砧板上，以廚刀直接（刀與砧板呈90度）切碎。

**2** 要注意巧克力既溶你口，當然也溶於手，因此可利用巧克力的外包裝袋或錫箔紙包覆巧克力，或是使用棉手套，讓手不需直接碰觸巧克力（圖❶）。

### 食物處理機操作
### Food Processor

**3** 若家中備有食物處理機，特別是巧克力使用量較大時，可先將巧克力略切大塊，將食物處理機啟動後，分次加入巧克力塊打碎即可。

**材料**

巧克力塊　　適量
（以每道食譜為準）

圖❶

---

## 融化巧克力1 *Melt Chocolate 1*

### 做法
### 隔水加熱Double Boiler

**1** 準備一個深湯鍋和一個大於湯鍋的鋼盆，湯鍋內加入2～3公分的水即可，鋼盆則要完全覆蓋在湯鍋上，同時鋼盆底部離湯鍋水面也要保持2～3公分以上的距離。

**2** 將略切成約1公分大小的巧克力碎塊放入鋼盆中，以中小火加熱湯鍋。

**3** 利用湯鍋內的水加熱產生的熱氣，間接傳導融化巧克力。過程中需不時攪拌，幫助巧克力快速均勻融化，同時要注意加熱溫度避免高到將水煮沸（圖❶、圖❷）。

**4** 當約百分之七十的巧克力融化時，即可熄火或直接將鋼盆取下，利用餘溫繼續攪拌，讓巧克力完全融化（圖❸）。

**材料**

巧克力塊　　適量
（以每道食譜為準）

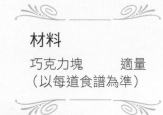
圖❶

圖❷

圖❸

# 融化巧克力2 *Melt Chocolate 2*

## 做法
### 微波加熱Microwave

**1** 將切碎巧克力放入可微波的安全容器中,若以功率650～700W的微波爐加熱,100克的黑巧克力以中溫(50%功率)加熱約1分半(90秒),100克的牛奶與白巧克力則以低溫(30%功率)同樣加熱1分半(圖❶)。

**2** 微波加熱後的巧克力形狀會稍軟化但不會改變,外觀呈現油亮感,取出後加以攪拌讓其完全融化成液態。若攪拌後未完全融化,可放回微波爐,以10～15秒為單位繼續加熱(圖❷)。

## 材料
巧克力塊　　適量
(以每道食譜為準)

---

# 融化巧克力3 *Melt Chocolate 3*

當材料為巧克力+液體時

## 材料
巧克力塊　　適量
液態材料　　適量
奶油　　　　適量
(以每道食譜為準)

## 做法
### 直火加熱Heating

**1** 準備厚底的醬汁鍋,放入切碎的巧克力與液態材料、奶油(圖❶)。

**2** 以小火直接加熱,過程中需不斷攪拌至巧克力溶於液體中,液體滑順,即可離火(圖❷)。

---

# 融化巧克力4 *Melt Chocolate 4*

當材料為巧克力+液體時

## 材料
巧克力塊　　適量
液態材料　　適量
奶油　　　　適量
(以每道食譜為準)

## 做法
### 烤箱加熱Oven

**1** 將烤箱溫度設定在100～110℃,將切碎巧克力和其他液態材料、奶油放入耐烤容器中(圖❶)。

**2** 移入烤箱約數分鐘,過程中仍要察看確認溶於液體的狀況,中途或最後完全溶於液體前取出,攪拌至完全融解(圖❷)。

# 大理石調溫 *Marbled Chocolate*

## 做法

**1** 將巧克力加熱到融化溫度50℃融成液態，可可脂們也都開始放鬆亂成一團（圖❶）。

**2** 讓巧克力降溫至28～29℃，可可脂分子重新排列整齊，恢復閃亮光澤，降溫方法見以下A、B、C三個方法（圖❷）。

### A.冷水澡法

將加熱融化後的巧克力連同鋼盆放入冰水中攪拌降溫至28～29℃即可。重點是降溫過程要不斷攪拌，否則直接接觸鋼盆部分的巧克力會先凝結（圖❸、圖❹、圖❺）。

### B.貼地操法

將2/3量的融化巧克力倒在涼爽的大理石檯面上，利用刮板或Y型抹刀來回將巧克力推開抹薄，直到巧克力降溫冷卻至濃稠，最後將巧克力刮回原來的攪拌盆，和剩下的1/3量混合調整溫度至28～29℃即可（圖❻、圖❼、圖❽）。

### C.菜鳥帶新鳥法

將切碎未融化的巧克力倒入約2倍份量的融化巧克力中，攪拌融化新加入的巧克力同時達到降溫效果，調整溫度至28～29℃即可（圖❾）。

## 材料

巧克力塊　　　適量
（以每道食譜為準）

**3** 將巧克力舀回鍋內，再次加熱至31～32℃，讓原本的巧克力稍稍放鬆，這時候的巧克力流動性也較佳，適合操作（圖❿）。

**4** 確認巧克力調溫是否成功，可取少量巧克力塗抹在烘焙紙或抹刀前端上，等待凝固後巧克力表面若無微白的大理石紋路即可。若不成功，則需重複前面三步驟，再做一次調溫處理圖⓫。

**Chef Tips! 小提醒**

調溫時，依巧克力種類而有不同的調整溫度，可參考下方溫度：
**黑巧克力**：50℃（融成液態）→28～29℃（降溫）→31～32℃（再次加熱）
**牛奶巧克力**：45℃（融成液態）→27～28℃（降溫）→29→30℃（再次加熱）
**白巧克力**：45℃（融成液態）→26～27℃（降溫）→27～29℃（再次加熱）

# 巧克力裝飾1（削）*Grated Chocolate*

## 做法
### 刀削Knife

**1** 將小刀和巧克力塊保持較小的銳角度，削切下薄片（圖❶、圖❷）。

**2** 使用起司刨屑板或刨絲器，將巧克力塊刨成屑或條狀（圖❸、圖❹）。

### 挖刮Ice Cream Scoop

**3** 使用冰淇淋挖勺或弧形較大的湯匙挖刮巧克力塊表面。

**材料**

巧克力塊　　　適量
（以每道食譜為準）

---

# 巧克力裝飾2（菸捲）*Chocolate Curls*

## 做法

**1** 首先，以Y型抹刀將融化調溫過的巧克力薄薄塗抹一層在大理石板上，塗抹的量與範圍不要太大（圖❶）。

**2** 手握著巧克力刮刀，與巧克力塗層保持約30度的銳角，由後往前推約3公分距離，讓巧克力形成捲狀，依此完成所有塗層（圖❷、圖❸）。

**3** 若要製作較短的菸捲，可先在巧克力塗層上以小刀畫上些等距的切線，推捲時自然就會分割成較短的菸捲。

**材料**

融化調溫過的巧克力適量

# 巧克力裝飾3（手繪圖案）
## *Chocolate Drawings*

材料
融化調溫過的巧克力適量

做法

1 將防油紙裁剪成圖中的尺寸（圖❶）。

2 參照圖片，兩手握著紙的兩端（圖❷）。

3 右側開始，將習慣手的掌心朝上，以食指和中指把三角紙往內捲（圖❸）。

4 把夾著的手指放開，另外一隻手伸入，將前端擠花口的形狀整理好（圖❹）。

5 直接順著捲到最後，形成圓錐筒狀捲好之後把邊角內側摺入，以免圓錐筒的形狀散開（圖❺）。

6 填入將融化調溫過的巧克力（圖❻）。

7 將上方開口往下摺兩摺，封住開口處，再左右往內摺，開口扭緊（圖❼、圖❽、圖❾）。

8 以剪刀將圓錐體尖端剪出個人需求的小孔。

9 可在烘焙紙上先畫上圖案，再將紙翻面，輕握三角紙捲擠出巧克力描畫（圖❿）。

10 移入冷藏冰硬後小心取下，即可使用於糕點裝飾，或放入保鮮盒冷藏保存（圖⓫、圖⓬）。

---

# 巧克力裝飾4（泡泡紙）*Bubbles*

材料
融化調溫過的巧克力適量

1 將塑膠泡泡紙平鋪在工作檯或烤盤上，淋上適量巧克力後平均抹開（圖❶、圖❷）。

2 等待巧克力凝結後即可撕除泡泡紙（圖❸）。

3 將巧克力片用手瓣成適當大小使用或保存（圖❹、圖❺）。

# 巧克力裝飾5（單色片）
## One Color Piece

### 做法

**1** 將調溫過的巧克力倒於石板或賽璐璐塑膠片上（圖❶）。

**2** 以Y型抹刀將巧克力平均塗抹開，巧克力的用量可依希望完成巧克力片的厚度而定（圖❷）。

**3** 在巧克力完全凝結前，以小刀將整片巧克力分切成幾個較小區域（盡量不要切斷底紙），如此可避免巧克力凝固時因收縮而彎曲變形。

**4** 提著底紙的兩角，將巧克力片翻面在另一張紙上，掀開覆蓋在巧克力片上的原底紙。

**5** 在巧克力尚未完全凝固結硬前，以刀、尺或餅乾模型切壓出不同造型的巧克力片（圖❸）。

### 材料
融化調溫過的巧克力適量

---

# 巧克力裝飾6（雙色片）
## Two Color Piece

### 做法

**1** 以Y型抹刀將融化調溫過的巧克力平均塗抹一層在烘焙紙或賽璐璐塑膠片上，第一層的巧克力用量可以稍厚，然後以梳齒刮板將第一層巧克力刮出間隔清楚的條紋（圖❶）。

**2** 等巧克力條紋開始凝結時，倒上另一種顏色口味的巧克力，以Y型抹刀將第二層巧克力抹開，巧克力的量以填滿第一層條紋的間隔後再塗抹薄薄一層即可（圖❷、圖❸、圖❹）。

**3** 可提起底紙一側使巧克力更均勻分佈，也可以讓多餘的巧克力流下到工作檯面。

**4** 在巧克力尚未完全凝固結硬前，以刀、尺或餅乾模型切壓出不同造型的巧克力片。

**5** 也可以發揮創意，使用三角紙捲先在底紙上擠畫出線條，或是使用抹刀前端、湯匙、刷子創造出第一層的巧克力造型，再塗抹上第二層巧克力。

### 材料
融化調溫過的巧克力適量

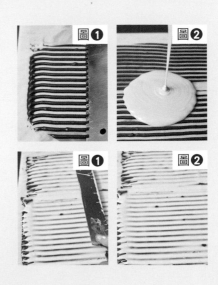

# 巧克力裝飾7（樹葉）*Chocolate Leaves*

## 做法

1 摘取新鮮飽滿的葉子，以沾濕的布和棉花清潔葉面備用。

2 以鑷子將葉紋較明顯那面輕放在融化調溫過的巧克力表面，讓葉面平均沾附上薄薄一層巧克力液（圖❶）。

3 此法適合葉面平整的葉子，如柑橘類、月桂樹等。

**Chef Tips! 小提醒**

1. 挑選外型有趣且紋路清晰的葉子。太軟的葉子不適合，較不易和凝結的巧克力分離。
2. 將巧克力塗抹在葉紋較明顯那面，通常是背面，但也要避免有細絨毛的葉面。

**材料**

融化調溫過的巧克力適量

圖❶

---

# 巧克力裝飾8（樹葉）*Chocolate Leaves*

## 做法

1 當取得的葉面較不平整時，以點心刷沾上巧克力，從葉柄處由內而外朝葉緣塗刷（圖❶）。

2 等巧克力完全凝結後，輕捏葉柄慢慢移除葉子即可。

圖❶

**材料**

融化調溫過的巧克力適量

---

# 巧克力裝飾9（水果）*Chocolate Fruit*

## 做法

1 將水果洗淨擦乾水分或去除外皮，可利用水果天然的外型，或是切成喜愛大小形狀。若水果切面水分太多，可先擦乾水分。

2 將水果沾浸於融化調溫過的巧克力中，取出後稍甩落多餘的巧克力，排放於底紙上等待巧克力凝固（圖❶、圖❷）。

3 若想製作雙色效果，等第一層巧克力凝固後，再沾浸第二次不同色的巧克力即可（參照p.90、p.93照片中的裝飾）。

4 若水果本身滋味不夠，可先沾裹些糖再沾浸巧克力。像楊桃的外型很美，有如星星，但滋味較平淡，就可先沾裹些糖增加甜味。

**材料**

融化調溫過的巧克力適量

圖❶

圖❷

# 基本甘納許 *Basic Ganache*

## 做法

**1** 將調溫巧克力切碎，放入攪拌盆中備用（圖❶）。

**2** 同時將鮮奶油加入湯鍋，以中小火慢慢加熱，煮至將沸騰時離火，置於旁稍微降溫（圖❷、圖❸、圖❹）。

**3** 將鮮奶油倒入巧克力中，靜置約1分鐘，讓巧克力吸收鮮奶油的熱度而溶於鮮奶油中（圖❺、圖❻）。

**4** 使用耐熱橡皮刮刀，由中心向外畫圈圈般輕柔攪拌，或是以手持電動攪拌器低速攪拌，拌至巧克力完全溶於鮮奶油，甘納許的質地柔順閃亮（圖❼）。

### 材料

| | |
|---|---|
| 調溫巧克力 | 200克 |
| 鮮奶油 | 200克 |

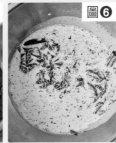

**Chef Tips! 小提醒**

1. 加入巧克力的鮮奶油溫度不可過熱，否則會造成巧克力油脂分離。
2. 攪拌過後的甘納許若仍有巧克力未溶於鮮奶油，可再使用隔水加熱的方式繼續攪拌至溶解。

---

# 奶油甘納許 *Butter Ganache*

## 做法

**1** 參照上面基本甘納許的做法1～4。

**2** 將奶油切塊後加入甘納許，倒入鮮奶油，繼續攪拌至光滑即可。

### 材料

| | |
|---|---|
| 調溫巧克力 | 200克 |
| 鮮奶油 | 250克 |
| 奶油 | 50克 |

# 芒果甘納許 *Mango Ganache*

## 做法

**1** 將牛奶巧克力切碎,放入攪拌鋼盆隔水加熱至約 3/4量的巧克力融化即可。

**2** 再將芒果果泥、麥芽糖、檸檬汁加入醬汁鍋中煮沸(圖**❶**、圖**❷**)。

**3** 將做法2倒入做法1中攪拌,由於濕性材料較少,再以隔水加熱至所有巧克力融化(圖**❸**、圖**❹**、圖**❺**)。

**4** 將奶油切塊,加入甘納許繼續攪拌,再以均質機低速攪拌至光滑即可(圖**❻**、圖**❼**、圖**❽**)。

### 材料

| | |
|---|---|
| 牛奶巧克力 | 300克 |
| 冷凍芒果果泥 | 100克 |
| 麥芽糖 | 10克 |
| 檸檬汁 | 10克 |
| 奶油 | 40克 |

**Chef Tips! 小提醒**

在烘焙材料店可找到市售的加工冷凍果泥,好處是使用方便且口味與濃稠度都標準化。若是使用現打的新鮮果汁或果泥,會需要些液體水分調整濃稠度,以及加些糖或檸檬汁調整酸甜度。

---

# 酒香甘納許 *Wine Ganache*

## 做法

**1** 將黑巧克力和牛奶巧克力切碎,放入盆中混合。

**2** 將鮮奶油、蘭姆酒、黑糖和鹽加入湯鍋中,其餘參照p.23基本甘納許的做法1~4。

**3** 將奶油切塊後加入甘納許,繼續攪拌至光滑即可。

**Chef Tips! 小提醒**

攪拌至奶油融化融合,甘納許開始出現光澤質地且滑順即可。過度攪拌會將多餘空氣拌入,易造成油脂分離使口感變差。

### 材料

| | |
|---|---|
| 黑巧克力(65%) | 140克 |
| 牛奶巧克力 | 60克 |
| 鮮奶油 | 180克 |
| 蘭姆酒 | 20克 |
| 黑糖 | 10克 |
| 鹽 | 少許 |
| 奶油 | 10克 |

# 抹茶甘納許 *Matcha Ganache*

## 做法

**1** 將白巧克力切碎，放入盆中（圖❶）。

**2** 將鮮奶油加熱至微溫，將抹茶粉過篩倒入，一邊攪拌至抹茶粉溶解（圖❷、圖❸、圖❹）。

**3** 將轉化糖漿加入做法2，繼續加熱至沸騰（圖❺）。

### 材料

| | |
|---|---|
| 白巧克力 | 200克 |
| 抹茶粉 | 15克 |
| 鮮奶油 | 200克 |
| 轉化糖漿 | 20克 |
| 奶油 | 40克 |

**4** 繼續倒入白巧克靜置1分鐘，攪拌至巧克力溶於液體中（圖❻、圖❼、圖❽）。

**5** 將奶油切塊，加入做法4繼續攪拌至光滑即可（圖❾、圖❿、圖⓫）。

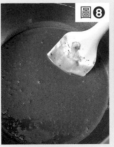

# 黑巧克力淋醬1 *Chocolate Glaze 1*

## 做法

**1** 巧克力切碎，放入鍋中，隔水加熱融化（圖❶）。

**2** 加入奶油、轉化糖漿攪拌融化，再繼續攪拌至光滑即可。

### 材料

| | |
|---|---|
| 黑巧克力 | 200克 |
| 奶油 | 40克 |
| 轉化糖漿 | 10克 |

圖❶

### Chef Tips! 小提醒

1. 此黑巧克力淋醬1的配方是「黑巧克力：濕性材料＝4：1」。
2. 如果你希望淋醬的巧克力味道濃郁，質地扎實，可使用高比例的巧克力搭配少量奶油。奶油除了提供奶香，也能使淋醬在低溫下更扎實，凝固後外型較不易塌軟變形；而使用轉化糖漿則讓淋醬凝固後形成磨砂般的光澤。另外，可參照以下5種「變化款巧克力淋醬」，依個人喜好變換搭配：

> **黑巧克力淋醬2**（巧克力：濕性材料＝3：2）
> 材料：黑巧克力200克、鮮奶油100克、轉化糖漿15克、奶油20克
> **黑巧克力淋醬3**（巧克力：濕性材料＝4：3，流動性更好也較稀薄）
> 材料：黑巧克力200克、牛奶100克、細砂糖25克、水30克
> **黑巧克力淋醬4**（巧克力：濕性材料＝1：1）
> 材料：黑巧克力200克、牛奶80克、蜂蜜30克、奶油90克
> **牛奶巧克力淋醬**（巧克力：濕性材料＝3：1）
> 材料：牛奶巧克力200克、牛奶35克、鮮奶油25克、細砂糖10克、轉化糖漿10克
> **白巧克力淋醬**（巧克力：濕性材料＝8：1）
> 材料：白巧克力200克、鮮奶油25克

---

# 巧克力鏡面醬 *Chocolate Mirror Glaze*

## 做法

**1** 可可粉過篩，和細砂糖加入牛奶中拌勻，以中小火加熱且不時攪拌，當開始變黏稠時，以耐熱橡膠刮刀不停刮攪，避免接觸鍋壁與鍋底的醬料燒焦。

**2** 當巧克力醬開始冒泡時，以小火再煮約1分鐘，期間仍須不斷攪拌，離火。

**3** 將事先以冰水泡軟的吉利丁片擠乾水分，拌入巧克力醬中，趁熱將吉利丁片溶於液體並攪拌融合，即成鏡面醬。

**4** 將鏡面醬倒入另一鋼盆中，密封上保鮮膜等待放涼，當鏡面醬降溫但流動性仍佳時即可使用，也可移入冰箱冷藏保存，待需使用時取適量，隔水加熱融解即可。

### 材料

| | |
|---|---|
| 可可粉 | 50克 |
| 細砂糖 | 75克 |
| 牛奶 | 225克 |
| 吉利丁 | 5克（約2片） |

# 基本法式巧克力醬 *Basic French Chocolate Sauce*

## 做法

1 巧克力切碎，放入鍋中，隔水加熱融化（圖❶）。

2 將牛奶、鮮奶油和細砂糖倒入鍋中，以中小火煮沸（圖❷）。

3 將做法2倒入做法1中拌勻（圖❸）。

4 將奶油切塊，加入巧克力醬中繼續攪拌至光滑即可。

### 材料

| | |
|---|---|
| 黑巧克力 | 200克 |
| 牛奶 | 150克 |
| 鮮奶油 | 30克 |
| 細砂糖 | 30克 |
| 奶油 | 30克 |

圖❶

圖❷

圖❸

---

# 蜂蜜蘭姆巧克力醬

*Honey Rum Chocolate Sauce*

### 材料

| | |
|---|---|
| 黑巧克力 | 150克 |
| 牛奶 | 75克 |
| 鮮奶油 | 100克 |
| 蜂蜜 | 30克 |
| 蘭姆酒 | 45克 |

## 做法

1 巧克力切碎，放入鍋中，隔水加熱融化。

2 將牛奶、鮮奶油和蜂蜜倒入鍋中，以中小火煮沸（圖❶）。

3 將做法2倒入做法1中拌至均勻光滑（圖❷）。

4 當巧克力醬涼後，加入蘭姆酒拌勻即可。

圖❶

圖❷

# 蛋糕·
# 慕斯篇
## Cake · Mousse

迷人的巧克力幾乎無人不愛，

為甜點迷帶來無限的幻想。

本篇中分享了精心挑選的蛋糕與慕斯糕點，

從經典到創新的口味，

從新手到進階都能製作，

一年四季都是品嘗巧克力的好時節！

# 柳橙磅蛋糕

扎實的蛋糕體搭配酸甜的蜂蜜柳橙皮絲，
放越久風味更濃郁。
配上咖啡、紅茶都美味，
是最受歡迎的常溫蛋糕。

*Orange Pound Cake*

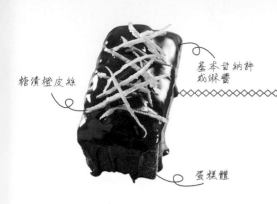

糖漬橙皮絲
基本甘納許或淋醬
蛋糕體

份量　11×6×5公分的模型1個
溫度與時間　上下火170℃，30～40分鐘
難易度　★★有點烘焙經驗，更易成功

## 材料 Ingredients

**糖漬柳橙皮絲**

| 水 | 250克（1杯） |
|---|---|
| 細砂糖 | 200克（1杯） |
| 柳橙皮粗絲 | 1個份量 |

**蛋糕**

| 奶油 | 125克 |
|---|---|
| 細砂糖 | 155克 |
| 全蛋 | 2個 |
| 半甜黑巧克力（Semi Sweet） | 200克 |
| 柳橙酒 | 1大匙 |
| 柳橙皮末 | 1大匙 |
| 低筋麵粉 | 220克 |
| 可可粉 | 15克 |
| 泡打粉 | 1小匙 |
| 牛奶 | 250克 |

### Chef Tips! 小提醒

1. 基本甘納許和淋醬的做法可參照p.23、p.26。
2. 半甜巧克力（Semi Sweet）又叫微甜巧克力，是在苦甜巧克力（Bitter Sweet）中再加入些糖，多用來烹調料理、製作點心。

## 做法

### 製作糖漬柳橙皮絲
### Candied Orange Slices

1 將水、細砂糖放入鍋中，以中小火加熱，沸騰後繼續煮至糖液呈金黃色即離火。

2 使用鑷夾或筷子，將柳橙皮粗絲逐一浸於糖液，取出後再一條條排列於塗過油的網架上，讓柳橙皮風乾變硬，約1～2小時（圖❶）。

### 製作蛋糕Cake

3 奶油放室溫軟化，加入細砂糖攪打至變白鬆發（圖❷）。

4 全蛋分次加入做法3拌勻。

5 將事先隔水加熱融化放涼的黑巧克力、柳橙酒、柳橙皮末也加入做法4拌勻。

6 再將低筋麵粉、可可粉、泡打粉一起過篩，加入做法5繼續拌勻。

7 加入牛奶拌勻成麵糊。

8 將麵糊倒入模型中，移入預熱好的烤箱烤約40分鐘，或以細竹籤刺入麵糊中心而不沾黏麵糊，即可取出，置於網架上放涼，脫膜。

### 裝飾Deco

9 可在蛋糕表面淋上些基本甘納許或淋醬，放些糖漬柳橙皮絲即可。

圖❶

圖❷

芒果香椰汁是許多人最愛的夏日飲品，
現在把它加入巧克力，
做成這款具有獨特造型的蛋糕，
視覺與味覺雙重享受，必定廣受好評。

# 芒果香椰奶蛋糕
## Mango Coconut Milk Cake

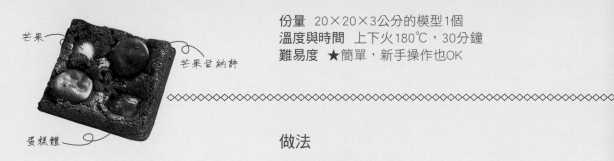

芒果

芒果甘納許

蛋糕體

份量　20×20×3公分的模型1個
溫度與時間　上下火180℃，30分鐘
難易度　★簡單，新手操作也OK

## 材料 Ingredients

**蛋糕**

| | |
|---|---|
| 低筋麵粉 | 145克 |
| 可可粉 | 35克 |
| 泡打粉 | 5克 |
| 杏仁粉 | 40克 |
| 黑糖 | 60克 |
| 鹽 | 1/2小匙 |
| 奶油 | 80克 |
| 椰奶 | 200克 |
| 鮮奶油 | 100克 |
| 融化奶油 | 70克 |
| 大顆烘焙用巧克力豆 | 80克 |
| 新鮮芒果果肉 | 適量 |

**甘納許**

| | |
|---|---|
| 芒果甘納許 | 適量 |

## 做法

### 製作蛋糕Cake

**1** 低筋麵粉、可可粉、泡打粉一起混合過篩，放入鋼盆，和杏仁粉、黑糖、鹽混合均勻。

**2** 奶油直接從冷藏取出切丁，加入做法1中，以手指將奶油丁和粉混合，如同製作派皮般，將奶油粉塊搓成米粒般大小。

**3** 將椰奶與鮮奶油混合，分數次緩緩加入，同時以橡皮刮刀攪拌融合至沒有粉塊為止。

**4** 倒入融化奶油，拌勻成麵糊。

**5** 將麵糊倒入鋪上烘焙紙的模型中。

**6** 芒果挖成球狀，和巧克力豆一起排放入麵糊，移入預熱好的烤箱烤約30分鐘，或以細竹籤刺入麵糊中心而不沾黏麵糊，即可取出，置於網架上放涼，脫膜（圖❶）。

### 組合Mix

**7** 享用時，可抹上芒果甘納許搭配。

## Chef Tips!
### 小提醒

芒果甘納許的做法可以參照p.24。

圖❶

# Chocolate and Whisky Sponge Cake

這道海綿蛋糕中加入了威士忌，
瞬間變成成人風味甜點。
如果吃膩了一般的巧克力蛋糕，
不妨來點特別的吧！

## 威士忌海綿蛋糕

甘納許

巧克力菸捲和
焦糖核果

蛋糕體

份量　直徑7.5×高4.5公分的杯子蛋糕模型6杯
溫度與時間　上下火220℃，8～10分鐘
難易度　★★有點烘焙經驗，更易成功

## 材料 Ingredients

| 蛋糕 | | 甘納許 | |
| --- | --- | --- | --- |
| 黑巧克力 | | 黑巧克力 | |
| （70%） | 90克 | （70%） | 200克 |
| 奶油 | 60克 | 鮮奶油 | 190克 |
| 威士忌 | 30克 | 威士忌 | 30克 |
| 全蛋 | 3個 | | |
| 細砂糖 | 75克 | | |
| 低筋麵粉 | 50克 | | |

## Chef Tips! 小提醒

1. 巧克力菸捲做法參照p.19，焦糖核果做法參照p.123。
2. 成品圖中有淺色和深色蛋糕兩種。一般製作這類蛋糕時，都是先抹軟化奶油，再撒入麵粉，但這樣會使得完成的蛋糕表面有生麵粉味，所以我在這裡改用可可粉（蛋糕呈深色）和細砂糖（蛋糕呈淺色）。

## 做法

### 製作蛋糕Cake

1　巧克力切碎、奶油切塊，一起放入鍋中隔水加熱融化，放涼後拌入威士忌。

2　全蛋和細砂糖放入盆中，打發至顏色轉白、蛋糕濃稠，以指尖輕劃過後，劃痕緩緩融合的程度即可。

3　以慢速繼續攪拌蛋糊，同時拌入過篩的低筋麵粉，稍微拌勻即可。

4　再倒入做法1，以橡膠刮刀輕柔混合均勻成麵糊。

5　在模型中先薄塗一層軟化奶油，其中3個杯模倒入可可粉（份量外）轉一圈，使杯模內有一層可可粉，再敲出多餘可可粉。另外3個杯模則倒入細砂糖（份量外），以相同方式操作。每個杯模都倒入麵糊約八分滿。

6　放入預熱好的烤箱烤8～10分鐘，或以細竹籤刺入麵糊中心而不沾黏麵糊，即可取出，置於網架上放涼。

### 製作甘納許Ganache

7　將巧克力切碎，放入鋼盆中（圖❶）。

8　將鮮奶油倒入鍋中，以中小火煮開（圖❷）。

9　再將熱鮮奶油倒入做法7中，攪拌至均勻光滑的甘納許（圖❸）。

10　當甘納許稍涼後，加入威士忌拌勻即可。

### 組合Mix

11　將放涼的甘納許以電動攪拌器攪打至蓬鬆，不可攪打過度使甘納許過硬。

12　以抹刀在蛋糕表面擠出打發甘納許，再放上喜歡的水果或核果即可。

# 白蘭地桂圓布朗尼

濃郁巧克力風味的布朗尼雖然經典，

但這款加入了白蘭地，

以及東方烏龍茶和桂圓的變化款布朗尼，

東西口味的美妙調和，產生意想不到的好滋味。

*Brandy Dried Longan Brownie*

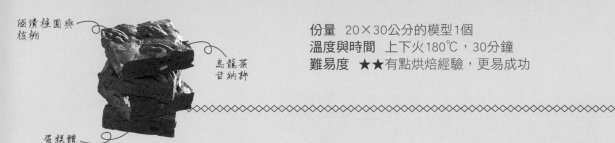

酒漬桂圓與核桃

烏龍茶甘納許

蛋糕體

份量　20×30公分的模型1個
溫度與時間　上下火180℃，30分鐘
難易度　★★有點烘焙經驗，更易成功

## 材料 Ingredients

**蛋糕**

| | |
|---|---|
| 苦甜巧克力 | 220克 |
| 奶油 | 200克 |
| 全蛋 | 3個 |
| 黑糖 | 100克 |
| 海鹽 | 1撮 |
| 低筋麵粉 | 100克 |
| 可可粉 | 20克 |
| 酒漬桂圓（參照下方小提醒）80克 |
| 核桃 | 100克 |

**烏龍茶甘納許**

| | |
|---|---|
| 苦甜巧克力 | 100克 |
| 牛奶巧克力 | 100克 |
| 烏龍茶葉 | 5克 |
| 熱開水 | 40克 |
| 鮮奶油 | 100克 |
| 轉化糖漿 | 10克 |

## Chef Tips!
### 小提醒

1. 酒漬桂圓DIY：將適量的桂圓或其他水果乾、蜜餞，放入已煮沸消毒並晾乾的玻璃瓶中，倒入白蘭地或其他蒸餾酒，淹過果乾即可，靜置室溫陰涼處一週以上即可使用，開封後要移至冰箱冷藏保存。
2. 可買市售烤熟或調味過的核桃、堅果，或是買生核果回家烤或炒熟，自製焦糖核果的做法參照P123。

## 做法

### 製作布朗尼Brownie

**1** 巧克力切碎、奶油切塊，一起放入鍋中隔水加熱融化。

**2** 全蛋和黑糖、海鹽放入盆中，攪打至稍濃稠即可。

**3** 將做法1分三次加入做法2中，混勻成巧克力麵糊。

**4** 將低筋麵粉、可可粉混合過篩，加入巧克力麵糊中拌勻。

**5** 最後拌入略切碎的酒漬桂圓，倒入鋪了烘焙紙的模型中，麵糊表面再撒些許核桃，送入預熱好的烤箱烤約30分鐘，或以細竹籤刺入麵糊中心而不沾黏麵糊，即可取出，置於網架上放涼，脫膜。

### 製作烏龍茶甘納許
### Oolong Tea Ganache

**6** 苦甜巧克力、牛奶巧克力切碎，放於鋼盆中。

**7** 烏龍茶葉浸泡於熱開水，蓋上蓋子燜10分鐘，加入鮮奶油、轉化糖漿，以小火煮沸。

**8** 茶葉濾出，將烏龍茶鮮奶油倒入碎巧克力中，攪拌至巧克力融化，質地柔順閃亮。

### 組合Mix

**9** 等烏龍茶甘納許放涼，塗抹或淋在蛋糕上即可。

# Ugly Cake
## 阿格蕾蛋糕

在蛋糕表面撒上薄薄一層可可粉後，
擠入甘納許，再搭配新鮮草莓，
讓這款蛋糕風味更具層次。
簡單的做法、易準備的食材，
極力推薦給烘焙新手嘗試。

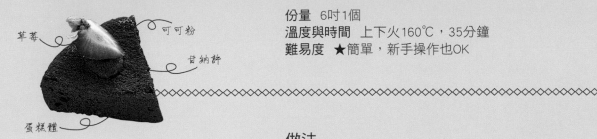

草莓　可可粉　甘納許　蛋糕體

份量　6吋1個
溫度與時間　上下火160℃，35分鐘
難易度　★簡單，新手操作也OK

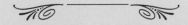

## 材料 Ingredients

**蛋糕**

| | |
|---|---|
| 苦甜巧克力 | 80克 |
| 奶油 | 40克 |
| 低筋麵粉 | 10克 |
| 可可粉 | 20克 |
| 蛋黃 | 2個 |
| 牛奶 | 20克 |
| 蛋白 | 2個 |
| 細砂糖 | 50克 |

**裝飾**

| | |
|---|---|
| 可可粉 | 適量 |
| 草莓 | 4顆 |
| 基本甘納許（參照p.23） | 適量 |

### Chef Tips! 小提醒

1. 可以用橙酒、白蘭地取代配方中的牛奶，立刻變成適合男性品嘗的成熟風味點心。
2. 這款蛋糕就是一般說的古典巧克力蛋糕，因為烘烤後的成品表面會有些許裂開，外觀並不十分漂亮、完整，所以我給它取了個暱稱ugly cake，音譯成「阿格蕾蛋糕」。

## 做法

### 製作蛋糕Cake

**1** 巧克力切碎、奶油切塊，一起放入鍋中隔水加熱融化。

**2** 低筋麵粉、可可粉混合過篩後放入盆中，加入蛋黃、牛奶，將所有材料混合均勻。

**3** 將做法1分三次加入做法2中混合均勻。

**4** 將蛋白倒入乾淨的盆中，分數次加入細砂糖，攪打至濕性發泡狀態（圖❶）。

**5** 蛋白霜分次加入做法3中，以刮刀切拌混合均勻成麵糊。

**6** 將麵糊倒入模型中，抹平表面麵糊後敲叩模型，移入預熱好的烤箱烤約35分鐘或烤至熟，即可取出，置於網架上放涼，脫膜。

### 組合Mix

**7** 在蛋糕表面篩入可可粉，用擠花嘴擠好一球球甘納許，再排入切半的草莓即可。

圖❶

這道以白巧克力製作，呈金棕色的布朗迪（Blondie），

是經典布朗尼的姐妹款點心，

雖然少了濃郁的可可風味，

但麵糊中加入核果與金棗蜜餞，

搭配白巧克力蛋糕體真是絕配！

# 白巧克力布朗迪
## White Chocolate Blondie

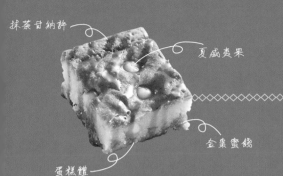

抹茶甘納許

夏威夷果

金棗蜜餞

蛋糕體

份量　20×30公分的模型1個
溫度與時間　上下火180℃，30分鐘
難易度　★簡單，新手操作也OK

## 材料 Ingredients

**蛋糕**

| | |
|---|---|
| 白巧克力 | 175克 |
| 奶油 | 175克 |
| 全蛋 | 3個 |
| 細砂糖 | 120克 |
| 海鹽 | 1撮 |
| 低筋麵粉 | 125克 |
| 泡打粉 | 1/2小匙 |
| 杏仁粉 | 75克 |
| 白巧克力 | 75克 |
| 金棗蜜餞 | 100克 |
| 夏威夷果 | 100克 |

**裝飾**

| | |
|---|---|
| 抹茶甘納許（參照p.27） | |
| 或融化白巧克力 | 適量 |

## 做法

### 製作蛋糕Cake

**1** 將175克白巧克力切碎、奶油切塊，一起放入鍋中隔水加熱融化。

**2** 全蛋和細砂糖、海鹽放入盆中，攪打至稍微濃稠即可。

**3** 將做法1分三次加入做法2中混合均勻。

**4** 低筋麵粉、泡打粉一起過篩，再混合杏仁粉，加入做法3中拌勻成麵糊。

**5** 金棗蜜餞事先以溫水泡軟、瀝乾，和75克白巧克力分別略切碎，再拌入做法4中。

**6** 將拌好的麵糊倒入鋪上烘焙紙的模型中，表面再排上夏威夷果，移入預熱好的烤箱烤約30分鐘，或以細竹籤刺入麵糊中心而不沾黏麵糊，即可取出，置於網架上放涼，脫膜。

### 組合Mix

**7** 可在蛋糕表面淋上些抹茶甘納許或融化的白巧克力即可。

## Chef Tips! 小提醒

1. 抹茶甘納許的做法可以參照p.25。
2. 白巧克力甜度較高，加入些許海鹽調味，可降低甜膩感，也以可略減少細砂糖的用量。

# Sacher Gugelhupf
## 沙哈咕咕霍夫

這一次我選用了造型特殊的咕咕霍夫模型，
製作世界上第一個巧克力蛋糕：沙哈。
這款奧地利國寶級甜點醇厚的淋醬與蛋糕，
搭配了特製的楓糖核桃，更添口感，甜而不膩。

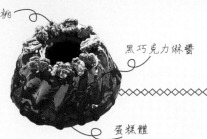

楓糖核桃

黑巧克力淋醬

蛋糕體

份量　7吋的咕咕霍夫模型1個

溫度與時間　上下火180℃，6～8分鐘（楓糖核桃）；
　　　　　　上下火175℃，55分鐘（蛋糕）

難易度　★★有點烘焙經驗，更易成功

圖❶

## 材料 Ingredients

### 楓糖核桃

| 核桃 | 150克 |
|---|---|
| 楓糖漿 | 50克 |

### 蛋糕

| 苦甜巧克力 | 100克 |
|---|---|
| 奶油 | 100克 |
| 糖粉 | 35克 |
| 蛋黃 | 5個 |
| 無花果 | 80克 |
| 熟核桃 | 50克 |
| 豆蔻粉 | 少許 |
| 低筋麵粉 | 85克 |
| 蛋白 | 5個 |
| 細砂糖 | 100克 |

### 黑巧克力淋醬

| 黑巧克力 | 200克 |
|---|---|
| 牛奶 | 80克 |
| 蜂蜜 | 30克 |
| 奶油 | 90克 |

做法

## 製作楓糖核桃Maple Sugar Walnut

**1** 將核桃放在鋪好烘焙紙的烤盤上，取湯匙或刷子將楓糖漿均勻滴淋在核桃上（圖❶）。

**2** 移入預熱好的烤箱烤6～8分鐘，或至核桃表面變脆焦糖化，取出放涼。

## 製作蛋糕Cake

**3** 將模型塗油，撒沾適量可可粉，再倒出多餘的可可粉（圖❷）。

**4** 巧克力切碎，放入鍋中，隔水加熱融化，放涼。

**5** 奶油軟化後和糖粉放於盆中，攪打至奶油轉白、鬆發（圖❸）。

**6** 將做法4和蛋黃先拌勻，再分次拌入做法5中拌勻（圖❹、圖❺）。

圖❷

圖❸

圖❹

圖❺

下一頁還有做法

**7** 將蛋白倒入乾淨的盆中，分數次加入細砂糖，攪打至濕性發泡狀態（圖**6**）。

**8** 將蛋白霜分次加入做法6中拌勻（圖**7**）。

**9** 取2大匙低筋麵粉、略切的無花果、熟核桃混合（圖**8**）。

**10** 將其餘過篩的低筋麵粉加入做法8中混合（圖**9**）。

**11** 將無花果、核桃和豆蔻粉加入混勻成麵糊（圖**10**）。

**12** 將麵糊倒入模型中（圖**11**）。

**13** 抹平表面麵糊後敲叩模型，以免麵糊中有空氣（圖**12**）。

**14** 移入預熱好的烤箱烤約55分鐘或烤至熟，取出置於網架上放涼。

圖**6**

圖**7**

圖**8**

圖**9**

圖**10**

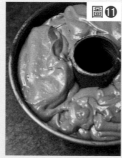
圖**11**

圖**12**

圖**13**

## Chef Tips! 小提醒

1. 此處淋醬使用的材料比是巧克力：濕性材料＝1：1。
2. 如果你希望淋醬的巧克力味道濃郁，質地扎實，可使用高比例的巧克力搭配少量奶油。奶油除了提供奶香，也能使淋醬在低溫下更扎實，凝固後外型較不易塌軟變形；而使用轉化糖漿則讓淋醬凝固後形成磨砂般的光澤。

## 製作黑巧克力淋醬Chocolate Glaze

**15** 黑巧克力切碎，放入鍋中，隔水加熱融化（圖**13**）。

**16** 加入牛奶、蜂蜜和鮮奶油攪拌融化，再繼續攪拌至光滑即可。

## 組合Mix

**17** 將烤盤墊於網架下，將加熱融化的黑巧克力淋醬均勻淋在蛋糕上，若淋面過薄，可再淋一次，最後在蛋糕頂端排放上楓糖核桃。

# Avocado Buttercream Cake

## 酪梨奶油霜蛋糕

除了果汁、三明治和沙拉，酪梨還可以製作點心，

不僅與蛋糕、奶油霜口味相襯，

可愛討喜的圓球形狀果肉，

更令人眼睛為之一亮。

做法在下一頁

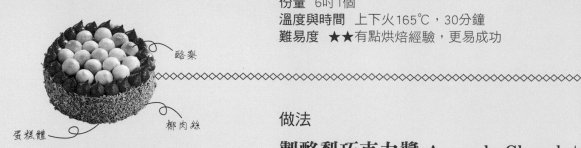

酪梨

椰肉絲

蛋糕體

份量 6吋1個
溫度與時間 上下火165℃，30分鐘
難易度 ★★有點烘焙經驗，更易成功

## 材料 Ingredients

**酪梨巧克力醬**

| | |
|---|---|
| 半甜巧克力 | 80克 |
| 酪梨果肉泥 | 300克 |
| 楓糖漿或蜂蜜 | 30克 |
| 椰子油 | 30克 |
| 香草精 | 1/2大匙 |
| 可可粉 | 20克 |

**蛋糕**

| | |
|---|---|
| 椰子粉 | 20克 |
| 可可粉 | 20克 |
| 低筋麵粉 | 45克 |
| 泡打粉 | 1小匙 |
| 肉桂粉 | 1/4小匙 |
| 鹽 | 1/2小匙 |
| 蛋黃 | 3個 |
| 酪梨果肉泥 | 80克 |
| 咖啡液 | 100克 |
| 楓糖漿或蜂蜜 | 80克 |
| 香草精 | 1/2大匙 |
| 義大利紅酒醋 | 1小匙 |
| 蛋白 | 3個 |
| 塔塔粉 | 1/2小匙 |

**裝飾**

| | |
|---|---|
| 椰肉絲 | 適量 |
| 酪梨果肉球 | 適量 |

## 做法

### 製酪梨巧克力醬 Avocado Chocolate

**1** 巧克力切碎，放入鍋中，隔水加熱融化（圖❶）。

**2** 將融化巧克力、其他所有材料放入果汁機或食物處理機中（圖❷）。

**3** 攪打至均勻光滑，以保鮮膜密封移至冰箱冷藏2～3小時（圖❸）。

**4** 取出冷藏過的奶霜，以打蛋器打至鬆發即可使用。

### 製作蛋糕Cake

**5** 先將可可粉、低筋麵粉、泡打粉、肉桂粉混合過篩，再加入椰子粉、鹽等乾性材料混合均勻（圖❹）。

圖❶ 圖❷ 圖❸ 圖❹

**6** 將蛋黃、酪梨果肉泥、咖啡液、楓糖漿、香草精、紅酒醋等濕性材料混合均勻（圖**⑤**）。

**7** 將做法5分次加入做法6中，混勻成麵糊（圖**⑥**）。

**8** 將蛋白倒入乾淨的盆中，打出粗糙泡沫，再加入塔塔粉繼續攪打至濕性發泡狀態（圖**⑦**）。

**9** 將蛋白霜分三次拌入做法7中，混合均勻後倒入模型。

**10** 移入預熱好的烤箱烤約30分鐘或烤至熟，取出置於網架上放涼。

## 組合Mix

**11** 將蛋糕脫模取出，橫切成兩片，取適量酪梨巧克力醬塗抹於兩片蛋糕間當夾餡。

**12** 將酪梨巧克力醬平均塗抹於蛋糕側邊與頂部，排入酪梨果肉球，再將以圓孔擠花嘴擠出一球球水滴狀，裝飾在果肉球的外圍一圈。

**13** 將椰肉絲沾黏在側邊酪梨巧克力醬上即可。

圖**⑤**

圖**⑥**

圖**⑦**

### Chef Tips! 小提醒

1.「分次加入」在烘焙時是一個重要觀念，可幫助比重不同的材料完美融合，特別是固態與液態或打發蛋白、鮮奶油與其他材料混合時。

2.優質巧克力本身就具有多層次的風味，再加入咖啡與紅酒醋，除了增加風味，也可以平衡巧克力與酪梨的厚重感。

*Chocolate Sweet Potato*
*Fondant Cake* 巧克力蜜薯凍糕

柳橙糖液浸泡過的地瓜，口感與風味更特別。
搭配巧克力蛋糕是較新的嘗試，
適合想來點不一樣的點心愛好者。

凍糕

蜜薯

份量　20×30公分的模型1個
溫度與時間　上下火180℃，30分鐘
難易度　★簡單，新手操作也OK

### 材料 Ingredients

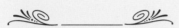

**柳橙蜜薯**
| 地瓜 | 300克 |
| --- | --- |
| 柳橙汁 | 60克 |
| 水 | 60克 |
| 冰糖 | 60克 |

**巧克力凍糕**
| 苦味巧克力（70%） | 120克 |
| --- | --- |
| 奶油 | 120克 |
| 全蛋 | 2個 |
| 細砂糖 | 90克 |
| 低筋麵粉 | 4克 |

**Chef Tips!**
**小提醒**

這款蛋糕的英文名字又稱Fondant Cake，由於使用隔水蒸烤的烘焙方式，讓它的口感介於蒸蛋糕與布丁般扎實綿密，因此也有了凍糕的名字。

### 做法

#### 製作柳橙蜜薯
#### Orange Sweet Potato

**1** 地瓜削皮，切約3公分塊狀，泡入鹽水防止變黑。

**2** 柳橙汁、水和冰糖倒入鍋中，以中小火煮沸。

**3** 加入地瓜塊，繼續以小火煮至地瓜鬆軟，以筷子易刺穿，可將地瓜繼續浸泡於柳橙糖液一晚會更入味。

#### 製作凍糕

**4** 巧克力切碎、奶油切塊，一起放入鍋中隔水加熱融化，放至稍微涼。

**5** 全蛋和細砂糖混合拌勻，再加入做法5中拌勻。

**6** 將過篩的低筋麵粉加入，拌勻成麵糊。

**7** 先將模型底部以錫箔紙包覆，取部分麵糊倒入模型約1/3的高度，再放置幾塊蜜薯，繼續加入麵糊至模型8分滿，排放於深烤盤後，在烤盤上倒入冷水，移入預熱好的烤箱烤約60分鐘，烤至熟即可取出，置於網架上放涼，脫膜。

# 火辣巧克力蛋糕

沒想到辣椒也能做甜點！

在巧克力中加入塔巴斯可辣椒水做成蛋糕，

淋上特製的辣椒甘納許，

再佐以焦糖辣椒，你絕對沒吃過！

*Chocolate Chili Cake*

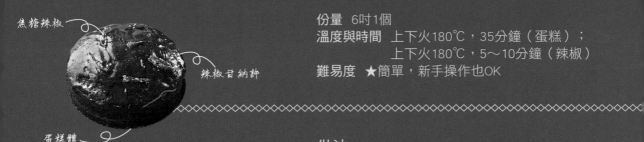

焦糖辣椒

辣椒甘納許

蛋糕體

份量　6吋1個
溫度與時間　上下火180℃，35分鐘（蛋糕）；
　　　　　　　上下火180℃，5～10分鐘（辣椒）
難易度　★簡單，新手操作也OK

## 材料 Ingredients

**蛋糕**

| | |
|---|---|
| 苦甜巧克力 | 60克 |
| 可可粉 | 40克 |
| 低筋麵粉 | 150克 |
| 泡打粉 | 1/2小匙 |
| 辣椒粉 | 1/4小匙 |
| 鹽 | 1/2小匙 |
| 黑糖 | 150克 |
| 特級橄欖油 | 150克 |
| 全蛋（打散） | 2個 |
| 水 | 150克 |
| 塔巴斯可辣椒水 | |
| （Tabasco） | 1小匙 |
| 香草精 | 1/2小匙 |

**辣椒甘納許**

| | |
|---|---|
| 基本甘納許 | 200克 |
| 塔巴斯可辣椒水 | 適量 |

**裝飾**

| | |
|---|---|
| 大支紅辣椒 | 1支 |
| 細砂糖 | 2大匙 |
| 辣椒粉 | 適量 |

## 做法

### 製作蛋糕Cake

**1** 巧克力切碎，放入鍋中，隔水加熱融化，放至稍微涼。

**2** 取各約1小匙的可可粉、低筋麵粉混合，均勻沾撒在塗了奶油的蛋糕模型內側。

**3** 將可可粉、低筋麵粉、泡打粉和辣椒粉混合過篩，倒入盆中，加入鹽、黑糖混合，再依序加入橄欖油、蛋液、水、辣椒水、香草精等，最後將所有材料混勻成麵糊。

**4** 將麵糊倒入模型中，送入預熱好的烤箱烤約35分鐘或烤至熟，取出置於網架上放涼。

### 製作辣椒甘納許Chili Ganache

**5** 參照p.23製作基本甘納許。將基本甘納許隔水加熱融化，再依個人喜好，拌入適量辣椒水，待涼後即可使用。

### 組合Mix

**6** 紅辣椒剖開，去籽後切粗絲，沾裹上細砂糖後排在烤盤烘焙紙上，放入烤箱烤約5～10分鐘，或者細砂糖辣椒開始焦糖化，取出放涼。

**7** 用脫膜刀將蛋糕和底部模型慢慢脫離，蛋糕側邊與頂部塗抹辣椒甘納許，最後上面裝飾焦糖辣椒，再撒上辣椒粉即可。

## Chef Tips! 小提醒

在阿茲提克時代，可可成為受歡迎飲品，當時辣椒就是其中重要的調味，辣椒也成為巧克力的重要香料好朋友。你可以試試不同品種的辣椒，新鮮、乾燥、粉狀、液狀等狀態皆可嘗試。

# Rum Raisin Pudding Cake

## 蒸蘭姆葡萄乾布丁蛋糕

剩下的巧克力蛋糕碎、蛋糕邊怎麼辦？

你一定要試試這道布丁蛋糕。除了基本款的焦糖口味，

這次改用酒香風味的蘭姆酒漬葡萄乾，

滿足挑剔的味蕾。

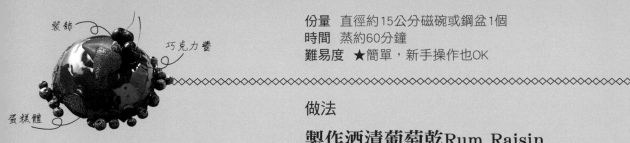

裝飾
巧克力醬
蛋糕體

份量　直徑約15公分磁碗或鋼盆1個
時間　蒸約60分鐘
難易度　★簡單，新手操作也OK

## 材料 Ingredients

**蛋糕**

| | |
|---|---|
| 葡萄乾 | 60克 |
| 蘭姆酒 | 可淹過葡萄乾的量 |
| 任一種巧克力蛋糕 | 175克 |
| 肉桂粉 | 2小匙 |
| 丁香粉 | 1/2小匙 |
| 苦甜巧克力 | 90克 |
| 牛奶 | 175克 |
| 奶油 | 60克 |
| 細砂糖 | 50克 |
| 蛋黃 | 2個 |
| 香草精 | 1/2小匙 |
| 蛋白 | 2個 |

**淋醬**

| | |
|---|---|
| 蜂蜜蘭姆巧克力醬 | 適量 |

**裝飾**

| | |
|---|---|
| 新鮮莓果和薄荷葉 | 適量 |

## 做法

### 製作酒漬葡萄乾Rum Raisin

**1** 前一晚先將葡萄乾浸泡於蘭姆酒中，酒必須蓋過葡萄乾，泡軟至入味（圖❶）。

### 製作蛋糕Cake

**2** 巧克力蛋糕撕小塊，和肉桂粉、丁香粉以食物處理機打成碎屑。巧克力切碎。

**3** 將碎巧克力、牛奶倒入鍋中，以中小火加熱，邊攪拌至巧克力融化，煮沸後熄火。

**4** 將做法2加入熱巧克力牛奶中拌勻，置旁約20～30分鐘，讓材料吸收融合。

**5** 奶油在室溫稍軟化後放入盆中，加入細砂糖混合，攪打至顏色變白鬆發。

**6** 分次拌入蛋黃，再加入做法4、香草精拌勻。

**7** 將蛋白打發，分次加入做法6中拌勻，再拌入瀝乾酒的蘭姆葡萄乾，完成麵糊。

**8** 將麵糊倒入已事先塗刷軟化奶油（份量外）的模型中，模型上以耐熱保鮮膜或乾淨布巾密封，放入電鍋或大鍋中，加水蒸約60分鐘，或以竹籤刺入中央處，確認烤熟即可取出。

### 組合Mix

**9** 參照p.27製作蜂蜜蘭姆巧克力醬。待布丁蛋糕稍涼後倒扣於盤上，淋上蜂蜜蘭姆巧克力醬，裝飾新鮮莓果、薄荷葉即可。

## Chef Tips! 小提醒

1. 浸泡過葡萄乾的蘭姆酒可以保留下來，以製作酒香甘納許或淋醬，也可加入糖水塗刷蛋糕，增加蛋糕體的濕潤與風味。
2. 自製巧克力蛋糕可參照p.56。

圖❶

*Chocolate Lava Cake*

# 巧克力熔岩蛋糕

因蛋糕內融化的巧克力如岩漿般，
所以又叫作火山岩漿蛋糕、心太軟，
是很受歡迎的經典巧克力點心。
通常搭配冰淇淋，趁熱享用。

甘納許
蛋糕體

份量　口徑6公分布丁模6個
溫度與時間　上下火190℃，10～12分鐘
難易度　★簡單，新手操作也OK

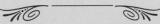

## 材料 Ingredients

**蛋糕**

| | |
|---|---|
| 苦甜巧克力 | 100克 |
| 奶油 | 100克 |
| 全蛋 | 2個 |
| 蛋黃 | 1個 |
| 細砂糖 | 90克 |
| 鹽 | 1小撮 |
| 低筋麵粉 | 20克 |
| 可可粉 | 5克 |
| 杏仁粉 | 20克 |
| 基本甘納許 | 4小匙 |

## 做法

### 製作蛋糕Cake

**1** 巧克力切碎、奶油切塊，一起放入鍋中隔水加熱融化，放至稍微涼。

**2** 模型內部塗上軟化奶油（份量外），沾上可可粉，再倒出多餘的可可粉（份量外）。

**3** 將全蛋、蛋黃、細砂糖和鹽倒入盆中，攪打至顏色轉白、膨發。

**4** 將做法3以橡膠刮刀分次輕柔拌入做法1，混勻但避免過度攪拌，以免打發的蛋糕消泡。

**5** 低筋麵粉、可可粉和杏仁粉混合過篩，拌入做法4中混勻成麵糊。

### 烘焙Bake

**6** 參照p.23製作基本甘納許。將麵糊裝入模型約四分滿，舀入小1小匙甘納許，再加入麵糊至八分滿，移入預熱好的烤箱烤約10～12分鐘。

**7** 出爐後稍靜置30～60秒，以小刀將蛋糕周邊刮離模型，再小心倒扣在盤上，可另搭配醬汁或冰淇淋趁熱享用。

Chef
Tips!
小提醒

以湯匙將鬆軟的蛋糕挖開時，中心的甘納許會如熱呼呼的岩漿流出，所以蛋糕烤焙的時間不會太長，也不要以傳統測蛋糕烤熟的竹籤去試，因為中心的甘納許永遠是黏糊糊的喔！

# 巧克力洛神花戚風蛋糕

濃郁的巧克力遇上酸甜的洛神花，

會激盪出什麼樣的新滋味？

在食材中做一點小小變化，

讓這道戚風蛋糕展現不同風采！

蛋糕體

做法

## 處理洛神花和巧克力
## Roselle and Chocolate

**1** 將洛神花和水放入鍋中，煮開後以小火繼續燜煮數分鐘，然後熄火置於一旁放涼，取90克湯液備用。

**2** 巧克力切碎，放入鍋中，隔水加熱融化。

## 製作蛋糕Cake

**3** 將所有粉類混合過篩後倒入盆中，加入鹽混合均勻。

**4** 將沙拉油倒在粉類表面形成油膜，再將蛋黃倒在油膜上（圖❶）。

**5** 以打蛋器由中心向外，保持逆時鐘方向快速拌勻。

**6** 將洛神花湯液和融化巧克力混合，加入麵糊拌勻。

**7** 將蛋白倒入乾淨的盆中，以球狀攪拌器稍打出粗糙泡沫（圖❷）。

### 材料 Ingredients

**蛋糕**

| 材料 | 份量 |
| --- | --- |
| 乾洛神花 | 20克 |
| 水 | 200克 |
| 苦甜巧克力 | 100克 |
| 低筋麵粉 | 60克 |
| 小蘇打粉 | 1/8小匙 |
| 可可粉 | 10克 |
| 鹽 | 1/4小匙 |
| 沙拉油 | 30克 |
| 蛋黃 | 3個 |
| 蛋白 | 5個 |
| 細砂糖 | 75克 |

圖❶

圖❷

下一頁還有做法

8 分數次加入細砂糖，攪打至濕性發泡狀態（圖**3**）。

9 取1/3量的蛋白霜加入做法6中，以橡膠刮刀輕柔拌勻（圖**4**）。

10 再將剩下的蛋白霜分兩次加入，拌勻成麵糊（圖**5**）。

## 組合Mix

11 將麵糊倒入模型中（圖**6**）。

12 抹平表面麵糊後敲叩模型底部，讓麵糊中的空氣散出（圖**7**）。

13 移入預熱好的烤箱烤約30分鐘，或以細竹籤刺入麵糊中心而不沾黏麵糊，即可取出，置於網架上放涼（圖**8**）。

14 用脫膜刀將蛋糕和底部模型慢慢脫離即可。

圖**3** 圖**4** 圖**5**

圖**6** 圖**7** 圖**8**

# 迷迭香香堤栗子捲

口味樸實、做法簡單的無粉巧克力蛋糕，

搭配清爽不膩的迷迭香香堤夾餡，

以及提升口味的整顆栗子，

是對麵粉過敏者不可錯過的最佳點心組合。

## Rosemary Chestnut Roll Cake

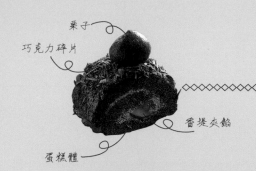

栗子

巧克力碎片

香堤夾餡

蛋糕體

## 材料 Ingredients

### 蛋糕

| | |
|---|---|
| 苦甜巧克力 | 200克 |
| 濃黑咖啡 | 80克 |
| 蛋黃 | 5個 |
| 細砂糖 | 150克 |
| 蛋白 | 5個 |
| 糖漬栗子 | 5顆 |

### 香堤夾餡

| | |
|---|---|
| 細砂糖 | 60克 |
| 迷迭香 | 2支 |
| 鮮奶油 | 400克 |
| 碎苦甜巧克力 | 125克 |

### 裝飾

| | |
|---|---|
| 巧克力碎片 | 適量 |
| 整顆栗子 | 適量 |

份量　29×24×3公分的烤盤1盤（蛋糕）
溫度與時間　上下火180℃，15分鐘
難易度　★★有點烘焙經驗，更易成功

## 做法

### 製作蛋糕Cake

**1** 巧克力切碎，和黑咖啡一起放入鍋中，隔水加熱融化，放至稍微涼。

**2** 將蛋黃和75克的細砂糖倒入盆中，打發至顏色轉淡、膨鬆，加入做法1中混合。

**3** 將蛋白倒入乾淨的盆中，分數次加入剩下的細砂糖，攪打至濕性發泡狀態（圖❶）。

**4** 將蛋白霜分次加入做法2中混勻成麵糊。

**5** 將麵糊倒入鋪了烘焙紙的烤盤中，移入預熱好的烤箱烤約15分鐘，或輕壓蛋糕表面中心處會有彈性（表示熟了），取出置於網架上放涼。

### 製作香堤夾餡Crème Chantilly

**6** 細砂糖倒入鍋中，以中小火加熱煮焦糖，同時取90克的鮮奶油和迷迭香加入另一鍋，以中小火煮沸後燜泡10分鐘，再取出迷迭香。

**7** 當細砂糖煮至金黃琥珀色，緩緩地開始少量倒入熱迷迭香鮮奶油，過程中焦糖混合熱鮮奶油會大量冒泡，可稍暫停略待消泡再繼續加入熱鮮奶油（圖❷、圖❸、圖❹）。

圖❶

圖❷

圖❸

圖❹

**8** 加完全部熱鮮奶油並混合均勻，倒入碎巧克力混合融化攪拌均勻，靜置3〜5分鐘（圖**⑤**、圖**⑥**）。

**9** 再將剩餘的310克鮮奶油打發後，分次拌入做法8中混合均勻，即成香堤夾餡。

## 組合Mix

**10** 鋪放一張烘焙紙在工作檯面，將撕除原烘焙底紙的蛋糕移至紙上，蛋糕原烤焙表面保持朝上，以小刀在蛋糕表面每隔約5公分輕輕切劃出平行線條（圖**⑦**）。

Chef
Tips!
**小提醒**

在蛋糕表面切劃的線條深度不可太深超過蛋糕本身厚度1/3，其作用是幫助捲蛋糕，若熟練後可省略這動作。

**11** 將適量香堤夾餡塗抹在蛋糕上（圖**⑧**）。

**12** 蛋糕較寬面朝向自己，再將對半切的栗子排放於靠近自己這側成一直線（圖**⑨**）。

**13** 輕提起同一側或以擀麵棍輔助開始朝外捲（圖**⑩**、圖**⑪**、圖**⑫**）。

**14** 捲好的蛋糕捲先放冷藏幫助定型，再取出以巧克力碎片裝飾，切片後放上單顆栗子即可。

圖**⑤**

圖**⑥**

圖**⑦**

圖**⑧**

圖**⑨**

圖**⑩**

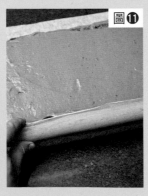
圖**⑪**

圖**⑫**

# 雙色巧克力慕斯

喜愛巧克力的甜點迷，
別錯過了這款
以兩種巧克力為材料的慕斯雙重奏。
夾餡選用了櫻桃，
豐富你的味蕾。

牛奶巧克力
慕斯

櫻桃

餅乾底

苦甜巧克力慕斯

份量　8吋1個
溫度與時間　上下火180℃，15～20分鐘（餅乾底）
難易度　★簡單，新手操作也OK

## 材料 Ingredients

### 餅乾底
| | |
|---|---|
| 消化餅乾 | 200克 |
| 奶油 | 50克 |

### 苦甜巧克力慕斯
| | |
|---|---|
| 細砂糖 | 30克 |
| 水 | 30克 |
| 蛋黃 | 2個 |
| 切碎苦甜巧克力 | 100克 |
| 現磨黑胡椒粒 | 1/2小匙 |
| 鮮奶油 | 200克 |

### 牛奶巧克力慕斯
| | |
|---|---|
| 細砂糖 | 20克 |
| 水 | 20克 |
| 蛋黃 | 2個 |
| 切碎牛奶巧克力 | 100克 |
| 鮮奶油 | 200克 |

### 巧克力淋醬
| | |
|---|---|
| 黑巧克力 | 200克 |
| 牛奶 | 100克 |
| 細砂糖 | 25克 |
| 水 | 30克 |

### 夾餡和裝飾
黑櫻桃或藍莓適量
風味鹽適量

## 做法

### 製作餅乾底Cookie

**1** 將消化餅乾打成屑，加入融化奶油混勻，填壓平整在慕絲圈底部，移入預熱好的烤箱烤15～20分鐘，取出稍涼後再壓整。

### 製作下層苦甜巧克力慕斯
### Bitter Chocolate Mousse

**2** 細砂糖和水煮沸，緩緩倒至蛋黃中，邊加入邊拌勻，再以隔水加熱將蛋黃攪拌至開始變濃稠，移開熱源，繼續攪打至顏色轉淡濃稠，即蛋黃甜奶醬。

**3** 苦甜巧克力隔水加熱融化，拌入現磨黑胡椒粒，取1/3量的六分發的鮮奶油拌入巧克力混勻。

**4** 將蛋黃奶油醬加入做法3中快速拌勻，然後加入剩餘的六分發鮮奶油混勻。

**5** 將完成的苦甜巧克力慕斯裝填在餅乾底上，表面抹平，鑲上夾餡水果，移入冰箱冷藏定型。

### 製作上層牛奶巧克力慕斯
### Milk Chocolate Mousse

**6** 參照做法2～4完成牛奶巧克力慕斯，取出冷藏好的慕斯，繼續裝填牛奶巧克力慕斯抹平，再放回冷藏冰硬（圖❶）。

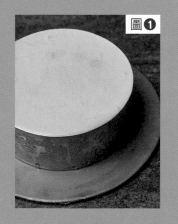

圖❶

下一頁還有做法

## 製作黑巧克力淋醬Chocolate Glaze

**7** 參照p.26的步驟製作。

## 組合Mix

**8** 將冰硬的慕斯取出，準備脫模。將模型放在桌上，用噴槍開小火，或者吹風機開中溫，沿著模型的邊緣加熱，使溫度稍微上升，再慢慢把模型向上拉移開（圖❷、圖❸）。

**9** 另一種脫膜法是將模型放在一個比慕斯模直徑小的圓柱體上，用噴槍開小火，或者吹風機開中溫，沿著模型的邊緣加熱，使溫度稍微上升，再慢慢把模型向下拉移開（圖❹、圖❺、圖❻）。

**10** 將慕斯放在鐵網上，下面墊一個盤子，淋上黑巧克力淋醬，先抹上面，再抹邊緣，抹平整（圖❼、圖❽、圖❾）。

**11** 放少許風味鹽，以櫻桃裝飾即可（可沾少許融化白巧克力）。

### Chef Tips! 小提醒

1. 六分發鮮奶油是指呈融化冰淇淋的質感，已經有稠度，但以攪拌器提起，鮮奶油勾狀的尖端會下垂，無法成形，會慢速流動的狀態（右圖）。

2. 下層的苦甜巧克力慕斯即香堤蛋黃醬慕斯，加入了打發蛋黃，讓慕斯的口感更香潤滑順，而蛋黃的乳化作用也能幫助巧克力和鮮奶油更融合，再加上巧克力本身的凝結效果，就不需使用吉利丁。

3. 在做法8.慕斯框邊緣加熱後脫膜時，把模型向上拉移開，雖然比較方便，但慕斯邊緣可能會不平整；做法9.中把模型向下拉移開脫膜，成品外觀比較漂亮、工整。

# 義大利圓頂慕斯蛋糕

獨特的圓帽外型，融合酒香與核果風味，
這是義大利佛羅倫斯的經典甜點。
除了到義大利品嘗外，
現在你也能在家盡情享用。

*Zuccotto*

做法在下一頁 ↓

櫻桃

巧克力碎片

甘納許

慕斯

份量　直徑10公分小鋼碗6個
時間　冷藏時間見做法
難易度　★★有點烘焙經驗，更易成功

## 材料 Ingredients

| | |
|---|---|
| 苦甜巧克力 | 90克 |
| 吉利丁 | 1.5片 |
| 杏仁甜酒 | |
| （或榛果酒、蘭姆酒、白蘭地） | |
| | 10克 |
| 鮮奶油 | 300克 |
| 糖粉 | 30克 |
| 核果 | 40克 |
| 酒漬果乾 | 40克 |
| 任一種巧克力蛋糕圓片 | |
| （直徑8×厚1公分） | 6個 |
| 巧克力碎片 | 適量 |
| 基本甘納許 | 適量 |
| 櫻桃 | 適量 |

## 做法

# 製作慕斯Mousse

1 巧克力切碎，放入鍋中，隔水加熱融化，放至冷卻。

2 吉利丁泡冰水軟化，取出瀝乾水分（圖❶）。

3 將吉利丁和酒放入鋼盆中隔水加熱，吉利丁融化後熄火，但鋼盆仍留在鍋上，讓吉利丁保持液態（圖❷、圖❸）。

4 將過篩的糖粉加入鮮奶油中打發（圖❹）。

5 取少量打發鮮奶油拌入做法3的吉利丁中。

6 取少量打發鮮奶油拌入做法1的融化巧克力中，讓巧克力開始成微硬凝結狀（圖❺）。

7 將剩餘的鮮奶油分次和吉利丁混合均勻，然後將做法6加入混合，此時巧克力不會和鮮奶油融合在一起，反而會產生不規則的顆粒塊狀，這也是我們要的慕斯效果（圖❻）。

圖❶

圖❷

圖❸

圖❹

圖❺

圖❻

圖❼

**8** 將慕斯以湯匙填入小鋼碗中,先填入約 1/2鋼碗容量的慕斯(圖❼)。

**9** 撒入切碎的核果和果乾(圖❽)。

**10** 繼續填滿慕斯,覆蓋上蛋糕片,依此完成 所有後放入冷凍,將慕斯冰硬(圖❾)。

圖❽

## 組合裝飾Mix&Deco

**11** 取出冰硬的慕斯,以噴槍快速燒鋼碗表面 (圖❿)。

**12** 或者是利用雙手溫度搓溫鋼碗,將慕斯脫 離鋼碗(圖⓫)。

**13** 最後沾撒上巧克力碎片,用擠花嘴擠出甘 納許,以櫻桃裝飾即可。

圖❾

圖❿

圖⓫

# Chef Tips!
**小提醒**

1. 融化的巧克力遇冷就開始凝固,因此在和其他材料混合時,特別是冰涼的打發 鮮奶油,巧克力本身的溫度和鮮奶油的比例,以及攪拌的程序與速度,都是成 功與否的關鍵,這道義大利甜點反而利用種種NG做法成了錯誤的美味。

2. 核果和果乾可選擇自己喜歡的種類,也可以直接與慕斯混合拌勻,填入模型。

# 抹茶歐蕾巧克力慕斯

結合了濃郁的巧克力和醇厚的打發鮮奶油，
是這道慕斯最吸引人之處。
加入有點苦的抹茶甘納許，
點綴以巧克力飾片，一次品嘗多層次風味。

*Matcha Au Lait*
*Chocolate Mousse*

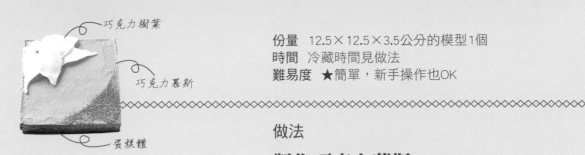

巧克力樹葉

巧克力慕斯

蛋糕體

份量　12.5×12.5×3.5公分的模型1個
時間　冷藏時間見做法
難易度　★簡單，新手操作也OK

## 材料 Ingredients

**巧克力慕斯**

| | |
|---|---|
| 牛奶巧克力 | 100克 |
| 鮮奶油 | 100克 |

**組合裝飾**

| | |
|---|---|
| 抹茶甘納許 | 200克 |
| 任一巧克力或抹茶蛋糕0.6～1公分厚 | 1片 |
| 蜜紅豆粒和巧克力樹葉 | 適量 |
| 抹茶粉 | 適量 |

## 做法

### 製作巧克力慕斯 Chocolate Mousse

**1** 巧克力切碎，放入鍋中，隔水加熱融化。如果沒有馬上使用，要隔熱水保溫（可先熄火，若水冷再稍加熱）。

**2** 鮮奶油打至7分發，分兩次迅速加入做法1拌勻，不可過度攪拌。

### 組合裝飾Mix&Deco

**3** 蛋糕片放於模型底部，填入香緹牛奶巧克力，抹平表面，排放上蜜紅豆粒，放回冰箱冷藏定型。

**4** 參照p.25製作抹茶甘納許。將抹茶甘納許打至7分發，再取出做法3裝填打發抹茶甘納許至滿，放回冰箱繼續冷藏定型。

**5** 將冰硬的慕斯取出脫模（參照p.64），最後裝飾巧克力樹葉（參照p.22）和抹茶粉即可。

## Chef Tips! 小提醒

1. 如果使用黑巧克力，則鮮奶油打至6分發就好，因為黑巧克力可可成分高，凝結性更強。
2. 鮮奶油打發程度的判斷是以攪拌器刮起，如果鮮奶油仍會流下，只留少部分在攪拌器上，這樣就是6分發；鮮奶油仍會流下但較慢，而留在攪拌器上的鮮奶油也較多則是7分發。
3. 巧克力慕斯就是巧克力＋打發鮮奶油，材料很簡單，是由融化巧克力和打發鮮奶油組成，利用巧克力遇冷就凝結的特性，所以不需使用吉利丁。

## 巧克力和鮮奶油完美融合的訣竅

巧克力慕斯的兩大主角：融化的熱巧克力、打發的冰鮮奶油，兩者都含高脂，卻又一熱一冷，因此如何能完美融合又不會乳脂分離，有以下4項細節需要注意。

◆巧克力融化後要盡快和打發鮮奶油拌勻，或是保溫40～50℃直到使用。

◇鮮奶油的打發程度不可超過6～7分發，若打發太硬，拌入巧克力後會乾硬，當然若打發不足又會變軟糊。

◆巧克力和鮮奶油的比例要平衡，巧克力的可可含量與鮮奶油的油脂含量也要依食譜所訂，不可隨意更動。

◇鮮奶油要分2～3次加入巧克力融合，但攪拌的速度要快，不可拖泥帶水。

# 薰衣草葡萄柚白巧克力慕斯

巧克力慕斯中淡淡的薰衣草芳香，
這款小清新慕斯甜點，
搭配一壺花草茶，
很適合喜歡輕柔風味甜點的人。

*Lavender Grapefruit*
*White Chocolate Mousse*

薰衣草
葡萄柚果凍

薰衣草
白巧克力慕斯

份量 玻璃杯4個
時間 冷藏時間見做法
難易度 ★簡單，新手操作也OK

## 材料 Ingredients

**薰衣草白巧克力慕斯**

| 白巧克力 | 150克 |
|---|---|
| 牛奶 | 180克 |
| 乾燥薰衣草 | 2大匙 |
| 吉利丁粉 | 10克 |
| 熱水 | 50克 |
| 鮮奶油 | 200克 |

**薰衣草葡萄柚果凍**

| 水 | 200克 |
|---|---|
| 乾燥薰衣草 | 1大匙 |
| 細砂糖 | 30克 |
| 果膠粉 | 5克 |
| 葡萄柚汁 | 50克 |
| 葡萄柚果肉 | 2個 |

### Chef Tips! 小提醒

1. 配方中水分含量較高，也沒有使用具有乳化效果的蛋，所以水分和巧克力的融合乳化特別重要。水分要分次且少量加入巧克力中，充分完全融合乳化後再繼續加入，避免產生油水分離的狀況。

2. 慕斯配方中巧克力、牛奶等液體與鮮奶油大約各佔1/3的比例，因為巧克力的味道較淡，無法單單依賴巧克力的凝結力，所以必須使用吉利丁粉幫助凝結。

## 做法

## 製作薰衣草白巧克力慕斯
### Lavender White Chocolate Mousse

**1** 巧克力切碎，放入鋼盆中。

**2** 將薰衣草、牛奶放入鍋中，以中小火加熱，煮沸後加蓋燜5分鐘，讓薰衣草香味釋放。

**3** 牛奶過篩，濾掉薰衣草，分2～3次倒入做法1中，每次加入牛奶都要充分拌勻再加下一次，攪拌至巧克力融化至光滑狀態。

**4** 將吉利丁粉加入熱水攪拌融化，再倒入做法3混勻。

**5** 分次加入打至7分發的鮮奶油拌勻，然後裝入擠花袋，填入玻璃杯中，表面抹平後移入冷藏定型。

## 製作薰衣草葡萄柚果凍
### Lavender Grapefruit Jelly

**6** 將水、薰衣草放入鍋中，以小火加熱，煮沸後加蓋燜5分鐘，讓薰衣草香味釋放，濾掉薰衣草。

**7** 細砂糖、果膠粉混勻後，加入薰衣草湯液融合均勻，再加入適量葡萄柚汁調味，置於旁放涼。

## 組合裝飾Mix&Deco

**8** 取出慕斯杯，排放去皮切塊的葡萄柚果肉，將已放涼但尚未凝結的果凍液，緩緩倒入果肉上，再移入冷藏讓果凍凝結。

**9** 取出果凍慕斯杯加以裝飾即可。

清新的薄荷除了當作料理、點心裝飾，
用在甜點的食材也很適合。
在濃郁的巧克力中散發出一股清涼，
使人一吃便愛上。

# 薄荷香橙慕斯
## Mint Orange Mousse

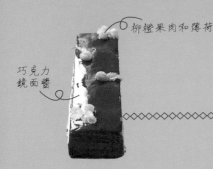
柳橙果肉和薄荷

巧克力
鏡面醬

份量　長24×寬8×高6公分長型慕斯中空模1個
溫度與時間　冷藏時間見做法
難易度　★★有點烘焙經驗，更易成功

## 材料 Ingredients

**薄荷甘納許**

| | |
|---|---|
| 苦甜黑巧克力 | 200克 |
| 鮮奶油 | 300克 |
| 新鮮薄荷葉 | 1束 |

**柳橙甘納許**

| | |
|---|---|
| 牛奶巧克力 | 100克 |
| 白巧克力 | 135克 |
| 柳橙皮屑 | 1個 |
| 細砂糖 | 20克 |
| 鮮奶油 | 90克 |
| 柳橙汁 | 90克 |
| 麥芽糖 | 15克 |

**組合裝飾**

| | |
|---|---|
| 任一種巧克力蛋糕 | |
| （長24×寬8×厚1公分） | 1片 |
| 柳橙果肉 | 適量 |
| 巧克力鏡面醬 | 適量 |
| 新鮮薄荷葉 | 少許 |

## 做法

### 製作薄荷甘納許Mint Ganache

1 巧克力切碎，放入鋼盆中。

2 將新鮮薄荷葉切碎，和鮮奶油放入鍋中，以中小火加熱，煮沸後加蓋燜5分鐘，讓薄荷味道釋放（圖❶）。

3 鮮奶油過篩，濾掉薄荷葉末，倒入做法1中，攪拌至巧克力融化至光滑狀態。

4 放於室溫冷卻後移入冰箱冷藏，冰約2.5小時至開始濃稠即可，不需完全冰硬。

### 製作柳橙甘納許Orange Ganache

5 將牛奶巧克力、白巧克力切碎，放入盆中混合。

6 將柳橙皮屑和細砂糖以手指搓揉，讓柳橙皮屑的味道釋放，再和鮮奶油混合，放入鍋中煮沸（圖❷）。

7 同時將柳橙汁、麥芽糖放入另一鍋中煮沸。

圖❶

圖❷

下一頁還有做法

**8** 將煮沸的鮮奶油加入做法5中靜置1分鐘，讓巧克力吸收鮮奶油溫度融化後，再由中心往外攪拌至光滑。

**9** 將煮沸的柳橙汁加入做法8中拌勻即可。

**10** 放於室溫冷卻後移入冰箱冷藏，冰約2.5小時至開始濃稠即可，不需完全冰硬。

圖❸

圖❹

圖❺

## 組合Mix

**11** 取出薄荷甘納許，以電動攪拌器打至約7分鬆發，不要過硬。

**12** 蛋糕片放於模型底部，填入打發的薄荷甘納許，抹平表面，排上柳橙果肉，放回冰箱冷藏定型（圖❸、圖❹）。

**13** 柳橙甘納許同樣打至7分發，再取出做法12，填入打發柳橙甘納許至滿，放回冰箱繼續冷藏定型（圖❺）。

**14** 參照p.26製作巧克力鏡面醬。將冰硬的慕斯脫模後，淋上巧克力鏡面醬，裝飾新鮮薄荷和柳橙果肉即可（圖❻、圖❼）。

## Chef Tips! 小提醒

1. 柳橙汁是酸性材料，不可以跟鮮奶油等奶製品一起混合加熱，否則會造成鮮奶油油脂分離。若是以其他果汁替換，再斟酌的甜酸度增減糖或檸檬汁，也可以更動果汁和鮮奶油的比例。

2. 將冰過開始凝結還沒太硬的甘納許直接打至6～7分發，就可以當作簡單的慕斯使用，而且不需要使用吉利丁。

圖❻

圖❼

*Oreo Mocha Mousse*

# 黑色餅乾摩卡慕斯

這是一道甜點，要獻給喜愛咖啡風味的人！

清爽的無粉卡士達醬，加上咖啡調味，

再加上白巧克力與Oreo餅乾，零違和感的巧妙搭配。

做法在下一頁

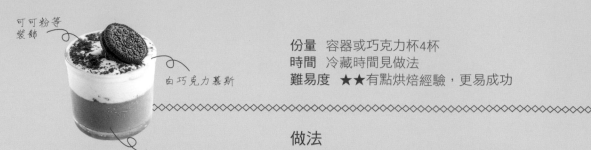

可可粉等
裝飾

白巧克力慕斯

摩卡牛奶巧克力慕斯

份量　容器或巧克力杯4杯
時間　冷藏時間見做法
難易度　★★有點烘焙經驗，更易成功

## 做法

# 製作摩卡牛奶巧克力慕斯
## Mocha Milk Chocolate Mousse

**1** 先製作安格斯醬：將牛奶和1/2量的細砂糖混合，以中小火加熱，同時混合蛋黃和剩餘1/2量的細砂糖於另一盆中。

**2** 當牛奶煮沸時，取1/2量的熱牛奶緩緩倒入蛋黃盆中，邊倒邊快速攪拌均勻後，再將熱蛋奶液倒回剩餘的熱牛奶中，以中小火繼續加熱，用耐熱塑膠刮刀不斷刮攪煮鍋的內側與底部，避免黏鍋燒焦，拌煮至呈濃湯般的濃稠度，離火，即成安格斯醬（圖❶、圖❷）。

**3** 將事先以冰水泡軟、擠乾的吉利丁片和咖啡粉、咖啡酒隔水加熱融化，再倒入安格斯醬中混勻（圖❸、圖❹）。

## 材料 Ingredients

**摩卡牛奶巧克力慕斯**

| | |
|---|---|
| 牛奶 | 90克 |
| 細砂糖 | 25克 |
| 蛋黃 | 1個 |
| 吉利丁 | 1片 |
| 即溶咖啡粉 | 1小匙 |
| 咖啡酒 | 1大匙 |
| 牛奶巧克力 | 65克 |
| 鮮奶油 | 80克 |

**白巧克力慕斯**

| | |
|---|---|
| 白巧克力 | 150克 |
| 鮮奶油 | 180克 |
| Oreo餅乾 | 30克 |

**組合裝飾**

| | |
|---|---|
| 可可粉 | 適量 |
| Oreo餅乾 | 適量 |

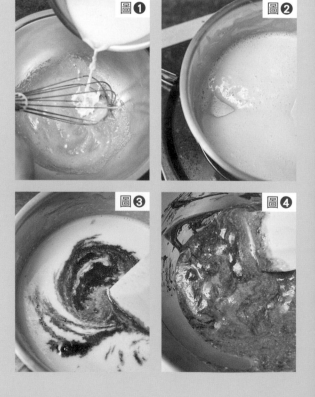

圖❶　圖❷　圖❸　圖❹

4 將做法3分2～3次加入切碎的牛奶巧克力，快速攪拌乳化融合（圖❺）。

5 將剩下1/2量的鮮奶油打至7分發，分2～3次加入做法4中混勻，即完成慕斯（圖❻）。

6 最後將慕斯裝填入巧克力杯中，約巧克力杯的1/2容量，移入冰箱冷藏冰硬。

圖❺

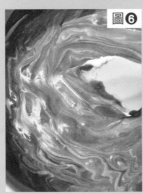
圖❻

## 製作白巧克力慕斯
### White Chocolate Mousse

7 巧克力切碎放入鋼盆中；將鮮奶油放入鍋中，以中小火煮沸。

8 將鮮奶油倒入碎巧克力中，攪拌至巧克力融化至光滑即可。

9 將做法8放於室溫冷卻，移入冰箱冷藏，冰約2.5小時至開始濃稠即可，不需完全冰硬。

10 以電動攪拌器將做法9打至約7分鬆發，不要過硬，再拌入略切碎的Oreo餅乾。

## 組合裝飾Mix&Deco

11 取出冷藏的巧克力杯，將白巧克力慕斯填入，抹平表面，再放回冰箱冷藏定型。最後取出巧克力慕斯杯裝飾即可。

## Chef Tips!
### 小提醒

1.為了幫助溶解咖啡粉，所以先將泡軟吉利丁片、咖啡粉、咖啡酒混合，隔水加熱融化，如果基本配方只有吉利丁片時，可泡軟後就加入安格斯醬趁熱融化。

2.製作安格斯醬時最重要的是控制加熱的時間與程度，若加熱不足會有蛋腥味，且不易與巧克力融合乳化；反之加熱過度，蛋會凝固結塊，破壞滑順口感。

# Mix Chocolate Cheese Cake

## 雙色巧克力起司蛋糕

混搭苦甜巧克力與牛奶巧克力，
風味更具層次與飽滿。
這裡選用起司餡與餅乾來搭配巧克力，
吃出更多驚喜感。

起司餡

餅乾底

## 材料 Ingredients

**餅乾底**

| | |
|---|---|
| 消化餅乾 | 100克 |
| 可可粉 | 1.5～2大匙 |
| 奶油 | 25克 |

**起司餡**

| | |
|---|---|
| 鮮奶油 | 150克 |
| 白巧克力 | 100克 |
| 苦甜巧克力 | 50克 |
| 奶油起司 | 150克 |
| 細砂糖 | 1.5大匙 |
| 全蛋 | 1個 |
| 蛋黃 | 1個 |
| 新鮮百香果漿 | 適量 |

## 做法

### 製作餅乾底Cookies

**1** 將消化餅乾打成屑，和可可粉混合，加入融化奶油拌勻，填壓平整在慕斯圈底部，放入冰箱冷藏冰硬。

### 製作起司餡Cheese Stuffing

**2** 取100克鮮奶油和切碎白巧克力，以及50克鮮奶油和切碎苦甜巧克力，分別隔水加熱融化備用。

**3** 奶油起司、細砂糖攪拌至柔軟，加入全蛋、蛋黃拌勻，再拌入百香果漿混勻成起司糊。

**4** 取2/3量的起司糊和融化白巧克力混勻，剩餘1/3量的起司糊和融化苦甜巧克力混勻。

### 烘焙Bake

**5** 取出餅乾底，先加入1/2量的白巧克力起司糊，再加入1/2量的苦甜巧克力起司糊，將兩者混合出大理石紋路；依此將剩餘巧克力起司糊也加入。

**6** 移入預熱好的烤箱烤約40分鐘，或輕搖蛋糕時，表面中央不會如液體晃動就表示已熟。

**7** 取出放涼，脫膜，移入冷藏冰鎮後即可享用。

Chef Tips!
小提醒

若喜歡餅乾底更香酥，壓好的餅乾底可先放入預熱180℃的烤箱烤10～15分鐘，取出後再稍壓平，放涼備用。

# Raspberry Chocolate Mousse

以巧克力蛋黃醬製作的慕斯口感細緻，
配上酸甜的覆盆子淋面和藍莓，
為這道甜點平衡了甜度，酸甜適中。

## 覆盆子巧克力慕斯

莓果裝飾

覆盆子淋面

慕斯

份量　6吋1個
溫度與時間　冷藏時間見做法
難易度　★簡單，新手操作也OK

## 材料 Ingredients

**慕斯**

| | |
|---|---|
| 苦味巧克力 | 100克 |
| 吉利丁 | 1片 |
| 細砂糖 | 45克 |
| 水 | 15克 |
| 蛋黃 | 2個 |
| 覆盆子果泥 | 125克 |
| 鮮奶油 | 150克 |

**覆盆子淋面（50克）**

| | |
|---|---|
| 覆盆子果泥 | 75克 |
| 細砂糖 | 25克 |
| 水 | 40克 |
| 檸檬汁 | 10克 |
| 吉利丁片 | 1.5片 |

**組合裝飾**

| | |
|---|---|
| 巧克力海綿蛋糕 | |
| （直徑6吋、厚1公分） | 1片 |
| 新鮮覆盆子 | 200克 |
| 藍莓 | 適量 |

做法在下一頁

做法

## 製作慕斯Mousse

**1** 巧克力切碎，放入鍋中，隔水加熱融化。如果沒有馬上使用，要隔熱水保溫（可先熄火，若水冷再稍加熱）。

**2** 吉利丁片浸於冰水泡軟。

**3** 細砂糖倒入鍋中，加入水，以小火煮沸後繼續煮幾分鐘，至泡沫變小，離火。

**4** 將做法3沿著攪拌缸壁緩緩倒入攪拌的蛋黃中，邊倒邊快速攪拌蛋黃，繼續將蛋黃甜奶醬打至變白蓬鬆。

**5** 將吉利丁片瀝乾水，加入蛋黃醬融合拌勻，再將仍保持溫熱的巧克力加入攪拌融合。

**6** 鮮奶油打至7分發，分次加入覆盆子果泥拌勻融合。

**7** 將做法6分次加入做法5中拌勻融合，即完成慕斯。

## 製作覆盆子果凍淋面
### Raspberry Glacage

**8** 覆盆子果泥倒入鍋中，加入細砂糖、水，以中小火煮沸。同時將吉利丁片浸冰水泡軟。

**9** 將吉利片丁瀝乾水分，加入熱果泥液中攪拌融解，稍涼後加入檸檬汁，放涼備用。

## 組合裝飾Mix&Deco

**10** 將蛋糕鋪放在模型底部，倒入1/2量的慕斯抹平，排放覆盆子，然後加入剩餘的慕斯後再抹平，移入冷凍冰硬。

**11** 取出慕斯，將降溫未凝結的覆盆子淋面倒在冰硬的慕斯表面，移回冷藏待淋面凝結，取出脫模，裝飾即可。

## Chef Tips!
### 小提醒

1. 這道點心以香堤蛋黃醬（鮮奶油＋蛋黃甜奶醬）為基底，加入了果泥、果汁等風味液體，增添巧克力慕斯的口感與風味，也因為增加水分，所以需要使用吉利丁來幫助凝結。

2. 慕斯中加入蛋黃除了可增加蛋香，還能讓慕斯口感更滑順細緻。

3. 使用吉利丁片時須以冰開水先泡軟（若使用溫開水會讓吉利丁片開始溶化），再隔水加熱或加入其他加熱液體中溶化。而吉利丁粉則可加入少量溫熱水中溶化後使用。

# 塔・派
## 餅乾・糖果
## 飲品篇
### *Tart · Pie · Cookie · Candy · Drink*

巧克力有一種魔法，能變化出各式各樣的點心。
本篇中囊闊不同風味的塔、派與餅乾、糖果和飲料，
不管你是巧克力中毒者，
或是剛進入巧克力點心世界的人，
都能找到喜歡並想做的糕點。

# Apple Earl Grey Tarts

以香氣獨特的伯爵茶搭配新鮮蘋果

製作的水果塔是什麼滋味呢？

不用憑空想像，現在立刻參照配方製作吧！

# 伯爵茶蘋果塔

內餡　蛋奶液

巧克力甜塔皮

**份量**　9吋1個

**溫度與時間**　上下火180℃，10～15分鐘（塔皮空烤）；
　　　　　　　上下火180℃，20～30分鐘

**難易度**　★★有點烘焙經驗，更易成功

## 材料 Ingredients

### 巧克力甜塔皮

| | |
|---|---|
| 奶油 | 150克 |
| 糖粉 | 100克 |
| 全蛋 | 1個 |
| 香草精 | 少許 |
| 低筋麵粉 | 280克 |
| 可可粉 | 35克 |

### 蛋奶液（9吋圓塔模 1個）

| | |
|---|---|
| 牛奶 | 250克 |
| 鮮奶油 | 100克 |
| 伯爵茶包 | 2～3個 |
| 全蛋 | 1個 |
| 細砂糖 | 35克 |
| 低筋麵粉 | 20克 |
| 可可粉 | 10克 |
| 奶油 | 15克 |

### 內餡

| | |
|---|---|
| 市售蘋果醬 | 適量 |
| 蘋果片 | 適量 |

## 做法

### 製作甜塔皮Tart Dough

**1** 奶油放室溫稍軟化，和過篩糖粉放入盆中，攪打至顏色轉白、鬆發。加入全蛋、香草精拌勻。

**2** 低筋麵粉、可可粉混合過篩後加入做法1，拌勻成麵團即可。

**3** 將塔皮麵團以保鮮膜封好，放入冷藏鬆弛冰硬1小時（若趕時間，可直接放冷凍約30分鐘）。

**4** 取出塔皮麵團擀開成厚約0.3公分的麵皮，小心移置模型上，讓麵皮貼合並裁整多餘麵皮（圖❶、圖❷）。

圖❶

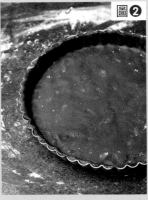

圖❷

下一頁還有做法

5 以叉子在底部麵皮刺些小孔，以利烘焙時熱氣釋放（圖❸）。

6 在麵皮上鋪一張烘焙紙或錫箔紙，上面再放上約1公分厚的烤焙重石（可以生豆粒代替），重石重量可避免烤焙時底部塔皮過度隆起（圖❹）。

7 移入預熱好的烤箱烤約10～15分鐘，然後取出移開烘焙紙與重石，再放回烤箱續烤約10分鐘或至麵皮烤熟，出爐置旁稍涼（圖❺）。

8 在底部餅皮塗抹上薄薄一層蘋果醬後備用（圖❻）。

## 製作蛋奶液Custard

**9** 牛奶以小火加熱煮沸，放入茶包，加蓋燜泡約10分鐘。

**10** 泡茶包的同時，將全蛋、細砂糖、低筋麵粉、可可粉和融化的奶油混勻。

**11** 取出茶包後，將牛奶茶液緩緩倒入做法10，邊倒邊拌勻，再將鮮奶油加入混勻即可（圖❼、圖❽）。

## 組合Mix

**12** 取部分蘋果片平均鋪放在塔皮上，再緩緩倒入蛋奶液剛好蓋住蘋果片（圖❾、圖❿）。

**13** 依做法12步驟重複幾次，直到蘋果片與蛋奶液使用完，送回烤箱烤約20～30分鐘或至中心蛋奶液烤熟凝結（圖⓫、圖⓬）。

## Chef Tips!
### 小提醒

1.在整型好的塔皮上刺孔，可幫助烤焙時底部熱氣藉由氣孔散出，才不會造成底部餅皮隆起。

2.預烤好的塔皮可塗刷上融化巧克力或果醬，可避免餅皮加入液態內餡時導致濕軟。

# 巧克力莓果塔 Chocolate and Berries Tart

微酸口感的覆盆子與莓果，
很適合當作各式甜點的內餡與裝飾。
在巧克力酥塔皮中加入了莓果餡料，
巧妙的搭配令人驚艷！

草莓

蛋糕體

份量　6吋1個
溫度與時間　上下火180℃，20分鐘（塔皮空烤）
難易度　★★有點烘焙經驗，更易成功

## 材料 Ingredients

**巧克力酥塔皮**

| | |
|---|---|
| 低筋麵粉 | 200克 |
| 可可粉 | 20克 |
| 奶油 | 120克 |
| 糖粉 | 75克 |
| 杏仁粉 | 25克 |
| 鹽 | 1小撮 |
| 全蛋 | 1個 |

**內餡**

| | |
|---|---|
| 奶油甘納許 | 120克 |
| 新鮮覆盆子和綜合莓果 | 60克 |

**組合裝飾**

| | |
|---|---|
| 新鮮莓果 | 適量 |
| 奶油甘納許 | 少許 |
| 巧克力飾片 | 適量 |

做法在下一頁

## 做法

### 製作酥塔皮

1. 低筋麵粉、可可粉混合過篩後放在工作檯或大攪拌盆中,將奶油自冷藏庫取出,迅速切約1公分丁狀後加入粉中(圖❶)。

2. 再將糖粉、杏仁粉、鹽也加入,以手指尖將加入的材料和麵粉搓揉混合成約黃豆大的小粉塊(圖❷)。

3. 加入蛋,和粉塊混合成麵團即可(圖❸)。

4. 取出塔皮麵團,整型成6吋塔皮,移入預熱好的烤箱空烤約20分鐘或塔殼呈酥脆,取出置旁稍涼備用。

### 組合裝飾Mix&Deco

5. 準備微溫,但尚未開始凝結的奶油甘納許(做法參照p.23)。先取適量塗抹在塔皮內側底部,排放上新鮮覆盆子和莓果,放入冰箱冷藏,讓奶油甘納許迅速凝結(圖❸、圖❹)。

6. 再取出塔,繼續倒入奶油甘納許至滿,置於旁放涼後,移回冷藏1～2小時冰涼(圖❺)。

7. 取些莓果和巧克力飾片、水果巧克力裝飾即可。

Chef
Tips!
小提醒

1. 可以將奶油甘納許換成芒果甘納許（參照p.24），也可自由更換喜歡的水果與搭配不同口味的甘納許。
2. 巧克力裝飾的做法可以參照p.22 巧克力裝飾8（樹葉），巧克力裝飾9（水果）。

# Red Wine Poached Pear Tart

## 紅酒洋梨塔

將西式經典的紅酒燉洋梨
搭配紅酒甘納許、巧克力塔，
變化出屬於成人風味的美味點心，
尤其當作正式西餐的甜點更相得益彰。

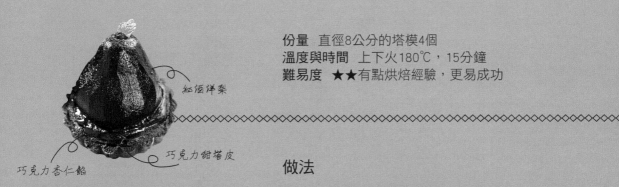

紅酒洋梨

巧克力甜塔皮

巧克力杏仁餡

份量　直徑8公分的塔模4個
溫度與時間　上下火180℃，15分鐘
難易度　★★有點烘焙經驗，更易成功

## 材料 Ingredients

**紅酒洋梨**

| | |
|---|---|
| 西洋梨 | 4顆 |
| 紅酒 | 1/2瓶（375毫升） |
| 冰糖或砂糖 | 50克 |
| 柳橙皮 | 1個 |
| 肉桂棒 | 1支 |

**紅酒甘納許**

| | |
|---|---|
| 苦甜巧克力 | 125克 |
| 紅酒 | 90克 |

**巧克力杏仁餡**

| | |
|---|---|
| 奶油 | 50克 |
| 糖粉 | 50克 |
| 杏仁粉 | 50克 |
| 全蛋 | 1個 |
| 杏仁酒 | 5克 |
| 可可粉 | 10克 |

**其他**

| | |
|---|---|
| 巧克力甜塔皮 | 120克 |

## 做法

### 製作紅酒洋梨Red Wine Poached Pear

**1** 西洋梨去皮，保留蒂頭，切除部分底部（先保留不要丟），挖除果核，浸於鹽水中備用。

**2** 將西洋梨放在小鍋中，倒入紅酒、糖、柳橙皮、肉桂棒，以中小火加熱煮沸後，再轉小火繼續燜煮至西洋梨變軟，置旁放涼備用。

### 製作紅酒甘納許Red Wine Ganache

**3** 巧克力切碎，放入鍋中，紅酒以中小火煮沸後倒入巧克力，拌勻融合後置旁放涼。

**4** 甘納許稍涼後放入冷藏約2小時，當開始凝結時，取出拌至軟化奶油般的軟度，或拌打至鬆發的狀態即可使用。

### 製作杏仁餡Almond Filling

**5** 奶油拌打至鬆發，糖粉和杏仁粉混合後分次加入拌勻，再依序加入蛋、酒、可可粉，拌勻即可。

6 參照p.87製作巧克力甜塔皮。取約120克甜塔
皮麵團製作4個塔皮，在底部刺孔，填入8分滿
的杏仁餡，將之前做法1切下保留的洋梨果肉
切丁，鑲放在杏仁餡上。

圖❶

7 移入預熱好的烤箱烤約15分鐘，或至塔皮與杏
仁餡都金黃上色，取出放涼。

## 組合裝飾Mix&Deco

8 將紅酒甘納許裝入已放進圓孔擠花嘴的擠花袋
中，在杏仁塔表面擠上一層甘納許（圖❶）。

圖❷

9 將紅酒洋梨挖空處，擠入（滿）甘納許，然後
將洋梨正放在杏仁塔上，最後稍微裝飾即可
（圖❷）。

圖❸

## Chef Tips!
## 小提醒

西洋梨可事先和紅酒與其他材料放於冰
箱浸泡一晚再煮，或是煮完冷卻後移入
冰箱浸泡一晚再使用，這樣紅酒的色澤
與香味可以更融入洋梨（圖❸）。

# 焦糖夏威夷果香蕉派

*Caramel Macadamia Nut Banana Pie*

精心熬煮的焦糖香蕉與夏威夷果，
讓糖漿與果仁、
水果達成完美的平衡。
加上底部的巧克力派皮，
是下午茶點心的最佳選擇。

做法在下一頁

巧克力甜派皮

裝飾

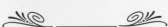

## 材料 Ingredients

**巧克力甜派皮**

| | |
|---|---|
| 高筋麵粉 | 90克 |
| 低筋麵粉 | 90克 |
| 可可粉 | 30克 |
| 細砂糖 | 1大匙 |
| 無鹽奶油 | 100克 |
| 全蛋 | 1個 |
| 冰水 | 30克 |

**內餡**

| | |
|---|---|
| 夏威夷果 | 100克 |
| 苦甜巧克力 | 45克 |
| 奶油 | 50克 |
| 細砂糖 | 65克 |
| 全蛋 | 1.5個 |
| 鮮奶油 | 1大匙 |
| 低筋麵粉 | 15克 |

**香蕉巧克力抹醬**

| | |
|---|---|
| 苦甜巧克力 | 100克 |
| 香蕉 | 1根 |
| 檸檬汁 | 1/2顆 |
| 細砂糖 | 1大匙 |

**焦糖香蕉**

| | |
|---|---|
| 香蕉 | 2根 |
| 奶油 | 30克 |
| 黃砂糖 | 100克 |
| 蘭姆酒 | 1大匙 |

**裝飾**

| | |
|---|---|
| 焦糖核果 | 適量 |
| 可可粉 | 適量 |

## 做法

### 製作巧克力甜派皮Pie Pastry

**1** 將高筋、低筋麵粉和可可粉混合過篩，倒入鋼盆中，或在工作檯上堆成小丘，加入細砂糖拌勻。

**2** 奶油從冰箱取出，迅速切成小丁，放入麵粉中，以手指尖混合麵粉與奶油丁至約黃豆大小的小粉塊。

**3** 在麵粉塊堆中央挖出一個井（洞），倒入蛋和冰水，以手或叉子將麵粉和冰水逐漸混勻，如果麵團太乾，斟酌加入些冰水，揉搓至光滑的麵團。

**4** 麵團包上保鮮膜放入冰箱冷藏30分鐘以上，即成甜派皮麵團。

### 製作內餡Filling

**5** 夏威夷果和巧克力略切碎塊備用。

**6** 奶油放在室溫稍軟，和1/2量的細砂糖打發，蛋分次加入拌勻，再加入剩餘的細砂糖拌勻。

**7** 將鮮奶油、過篩的低筋麵粉加入拌勻，最後拌入碎夏威夷果和巧克力。

**8** 取約200克甜派皮麵團壓入模型，製作1塊派皮，在底部刺孔後填入內餡，移入預熱好的烤箱烤約20～30分鐘，或至派皮與內餡都金黃上色，取出放涼。

## 製作香蕉巧克力抹醬
### Banana Chocolate Spread

**9** 巧克力切碎備用。

**10** 香蕉切碎，和檸檬汁一起放入鍋中，搗成泥狀，加入細砂糖，以小火加熱拌煮約15分鐘。

**11** 加入碎巧克力繼續拌煮至巧克力融化，融合在一起。

## 製作焦糖香蕉
### Caramel Banana

**12** 將香蕉去皮切片。

**13** 奶油放入平底鍋中加熱融化，再加入黃砂糖煮至焦糖化。

**14** 把香蕉片放入奶油焦糖拌勻，轉中小火續煮至香蕉稍軟，最後淋上蘭姆酒再煮幾分鐘，讓酒精揮發醬汁收乾即可。

## 製作焦糖核果
### Caramel Macadamia Nut

**15** 參照p.123做法1～4製作。

## 組合裝飾Mix&Deco

**16** 將放涼的香蕉巧克力抹醬擠出或塗抹在派上，再加上焦糖夏威夷果與香蕉，撒上可可粉裝飾即可。

**Chef Tips! 小提醒**

製作塔派皮時為了保持奶油在麵團中的層次，除了奶油需在冰箱冰硬直接取出使用，其他食材與工作檯面、環境都需保持低溫。比較講究的人甚至將麵粉先冰過，雙手都先浸泡冰水才操作。

# *Persimmon Coconut* 甜柿香椰塔 *Milk Tart*

焦糖甜柿搭配巧克力、蛋奶液的組合，是不是從來沒有嘗過？

在甜柿盛產的秋季，手作這道塔點心，感受一下季節水果甜點的魅力吧！

焦糖甜柿

酥塔皮

**份量** 15.5×15.5×2.5公分的正方模型1個

**溫度與時間** 上下火180℃，15分鐘（塔皮空烤）；
上下火180℃，15分鐘（成品）

**難易度** ★★有點烘焙經驗，更易成功

## 材料 Ingredients

**塔皮**

| | |
|---|---|
| 巧克力酥塔皮 | 200克 |

**焦糖甜柿**

| | |
|---|---|
| 甜柿 | 2～3個 |
| 奶油 | 30克 |
| 黃砂糖 | 100克 |
| 蘭姆酒 | 1大匙 |

**內餡**

| | |
|---|---|
| 焦糖甜柿 | 上方成品量 |
| 碎巧克力 | 150克 |
| 果醬 | 適量 |

**香椰蛋奶液**

| | |
|---|---|
| 牛奶 | 60克 |
| 椰奶 | 60克 |
| 細砂糖 | 30克 |
| 全蛋 | 1個 |
| 蘭姆酒 | 15克 |

## 做法

### 製作酥塔皮Tart Pastry

**1** 參照p.94做好巧克力酥塔皮。

**2** 取約200克的塔皮麵團整型製作，送入預熱180℃的烤箱空烤完成，出爐置旁稍涼備用。

### 製作焦糖甜柿Caramel Persimmon

**3** 將新鮮甜柿去皮切半去籽，將奶油放入平底鍋中加熱融化，再加入黃砂糖煮至焦糖化。

**4** 放入甜柿片和奶油焦糖拌勻，轉中小火續煮至甜柿稍軟，最後淋上蘭姆酒再煮幾分鐘，讓酒精揮發醬汁收乾即可。

### 製作香椰蛋奶液

**5** 取1/2量的牛奶和細砂糖加熱煮至糖融化，先加入剩餘牛奶和椰奶，再加入蛋、蘭姆酒混勻即可。

### 組合烘烤Mix&Bake

**6** 取適量果醬塗抹薄薄一層在塔皮內側底部，均勻放上碎巧克力。

**7** 倒入蛋奶液淹過巧克力碎塊，再排上焦糖甜柿片，移入預熱好的烤箱烤約15分鐘或蛋奶液凝結即可。

**Chef Tips! 小提醒**

空烤過的塔皮在內側底部先塗抹果醬，可避免液體內餡浸濕塔皮而口感濕軟。也可以在空烤後期塗刷蛋液在塔皮上，待空烤完成時，蛋液烤乾也能形成防水保護膜。

# Chocolate Éclair

獨特修長的外型、如閃電般的美味，

不管是內餡、泡芙殼，或是各式淋醬、撒上糖粉……

千變萬化的口味，是泡芙家族中最多樣面貌的一員。

## 巧克力閃電泡芙

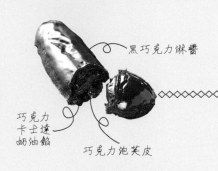

黑巧克力淋醬

巧克力
卡士達
奶油餡

巧克力泡芙皮

份量　10個

溫度與時間　先以上下火200℃烤20分鐘，
　　　　　　再以上下火180℃烤20分鐘

難易度　★★有點烘焙經驗，更易成功

## 材料 Ingredients

**巧克力泡芙皮**

| | |
|---|---|
| 低筋麵粉 | 70克 |
| 可可粉 | 10克 |
| 水 | 125克 |
| 鹽 | 1/4小匙 |
| 細砂糖 | 1/2大匙 |
| 奶油 | 55克 |
| 全蛋 | 2個 |

**巧克力卡士達奶油餡**

| | |
|---|---|
| 苦甜巧克力 | 70克 |
| 牛奶 | 225克 |
| 蛋黃 | 3個 |
| 細砂糖 | 50克 |
| 低筋麵粉 | 25克 |
| 鮮奶油 | 65克 |

**黑巧克力淋醬**

| | |
|---|---|
| 黑巧克力 | 200克 |
| 鮮奶油 | 100克 |
| 轉化糖漿 | 15克 |
| 奶油 | 20克 |

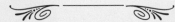

## 做法

# 製作巧克力泡芙皮Puff

**1** 低筋麵粉、可可粉混合過篩，放於盆中。

**2** 水、鹽、細砂糖和奶油放入鍋中，以中小火加熱，煮至沸騰且奶油融化，離火。

**3** 將做法1倒入做法2中，攪拌至麵糊光滑且不沾黏鍋壁。

**4** 將麵糊移至攪拌缸中稍降溫後（約50、60℃稍燙手的溫度），分次加入蛋，和麵糊攪拌均勻。此時如果麵糊太乾稠，可另多取1個蛋打散，加入適量蛋液，攪拌至至麵糊沾黏攪拌刮刀的形狀呈倒三角形即可。

**5** 將麵糊填入已裝圓孔花嘴的擠花袋，先擠入少許麵糊在烤盤四角，再覆蓋上烘焙紙，讓麵糊黏住紙和烤盤，然後在烘焙紙上依序擠出整齊排列約10公分的長形麵糊。

**6** 另取1個蛋打散（份量外），將蛋液塗刷在泡芙麵糊表面，接著移入預熱200℃的烤箱烤約20分鐘，或至泡芙膨脹表面金黃，調降烤箱溫度至150℃繼續烤約20分鐘，或至泡芙烤至乾爽，出爐置旁放涼。

下一頁還有做法

## 製作巧克力卡士達奶油餡
### Chocolate Custard

**7** 巧克力切碎，放入鍋中，隔水加熱融化。如果沒有馬上使用，要隔熱水保溫（可先熄火，若水冷再稍加熱）。

**8** 牛奶倒入鍋中，以中小火加熱，在煮沸前熄火。

**9** 煮牛奶的同時，將蛋黃、細砂糖攪打至濃稠、顏色變白，加入過篩的低筋麵粉拌勻。

**10** 取約1/3量的熱牛奶倒入做法9中拌勻，再倒回鍋中和剩餘的熱牛奶混勻，以中小火加熱至煮沸冒泡即可熄火，過程中要以耐熱橡膠刮刀不斷攪拌，避免黏鍋燒焦。

**11** 將融化巧克力加入做法10中混勻，然後倒在淺盤上，覆蓋保鮮膜以免表面變硬結皮，置旁放涼後使用或移入冷藏保存待用。

**12** 將鮮奶油打發，和做法11混合拌勻即可。

## 製作黑巧克力淋醬
### Chocolate Glaze

**13** 巧克力切碎，放入鍋中，隔水加熱融化。

**14** 加入奶油、轉化糖漿和鮮奶油攪拌融化，再繼續攪拌至光滑即可。

## 組合Mix

**15** 將泡芙皮底部兩端各挖鑽約0.5公分的小孔。

**16** 取巧克力卡士達奶油餡，填入已放0.5公分圓孔花嘴的擠花袋中，將奶油餡擠入泡芙皮中。

**17** 將泡芙頂部沾裹上加熱融化的淋醬，放入冷藏冰涼即可享用。

### Chef Tips! 小提醒

1. 攪拌完成的泡芙麵糊要盡快使用完畢，避免麵糊過乾影響膨脹，擠好的泡芙麵糊送進烤箱前，可以用噴霧器的清水噴濕麵糊表面，使烤焙時的膨脹效果更好。

2. 如果已有原味的卡士達醬，可直接拌入約20～50%卡士達醬份量的融化巧克力，混合後的巧克力卡士達醬可直接當泡芙餡，或是加入些打發鮮奶油調和。

# Chocolate Walnut Cookie

## 巧克力核桃脆餅

核桃擁有特殊的香氣、咀嚼感，
是甜點食材中不可缺的要角。
這款巧克力核桃餅乾，
簡單好做又美味！

份量 20個
溫度與時間 上下火160℃，
10～15分鐘
難易度 ★簡單，新手操作也OK

### 材料 Ingredients

| | |
|---|---|
| 苦甜巧克力 | 100克 |
| 奶油 | 50克 |
| 細砂糖 | 50克 |
| 鹽 | 1小撮 |
| 全蛋 | 1.5個 |
| 香草精 | 1/2小匙 |
| 低筋麵粉 | 100克 |
| 可可粉 | 15克 |
| 泡打粉 | 1/4小匙 |
| 熟核桃 | 50克 |
| 沾裹用糖粉 | 100克 |

**Chef Tips! 小提醒**

巧克力脆餅若烤焙過度至硬，吃起來口感會太乾，理想的烤焙程度是外表略硬裡面稍軟。烤好的餅乾當天吃口感最好，可放於密封罐保存幾天，但會開始變乾。

## 做法

### 製作餅乾麵團 Cookie Dough

**1** 巧克力切碎，奶油切塊，一起放入鍋中，隔水加熱融化，再加入細砂糖、鹽，拌至糖融化。

**2** 分次加入蛋、香草精拌勻，再加入混合過篩的低筋麵粉、可可粉、泡打粉拌勻，最後將略切碎的熟核桃加入混勻成麵糊。

**3** 將麵糊加上蓋，移至冷藏約30分鐘或麵糊變硬可以塑型，以小型冰淇淋挖球器（直徑約2.5公分）或圓形的量匙、湯匙挖出圓球形麵團。

**4** 將圓球麵團壓成直徑約4公分的圓餅，放入糖粉中沾裹，拍去多餘糖粉後排列於烤盤。

### 烘焙 Bake

**5** 移入預熱好的烤箱烤10～15分鐘，或以手指輕壓餅乾表面中央處稍硬，取出置於冷卻架上放涼。

熟核桃

餅乾

*Chocolate Pumpkin Crème Brûlée*

巧克力南瓜烤布蕾

將法式烤布蕾與口感鬆軟的南瓜結合，
加上脆脆的焦糖，大人小孩都喜愛！

南瓜　焦糖

份量　5杯
溫度與時間　上下火180℃，約10分鐘（南瓜）；
　　　　　　上下火200℃，10～15分鐘（隔水烘烤）
難易度　★簡單，新手操作也OK

## 做法

### 處理南瓜Pumpkin

**1** 取100克帶皮南瓜切約0.5公分片狀，沾裹黃砂糖，排放於塗油烤盤上烤至香軟；另取300克去皮南瓜切約3公分塊狀，蒸熟備用。

### 製作布蕾液Crème Brûlée

**2** 巧克力切碎，和鮮奶油一起放入鍋中，以中小火加熱，不時攪拌至巧克力溶於鮮奶油中，繼續加熱至沸騰，離火放至稍涼。

**3** 蛋黃拌勻後緩緩倒入做法2中，邊倒邊快速拌勻，再過篩濾去蛋黃結粒。

### 烘烤Bake

**4** 將蒸熟的南瓜排放在烤盅裡，再倒入布蕾液。

**5** 將烤盅排放於深烤盤中，加入約烤盅一半高的冷水，移入預熱好的烤箱烤10～15分鐘，或至中心布蕾液凝結即可出爐。

**6** 將烤南瓜片排在布蕾上，每杯撒上1大匙黃砂糖，以噴槍將砂糖燒成焦糖，待稍涼焦糖結硬即可享用（圖**1**、圖**2**）。

材料 Ingredients

**巧克力布蕾**
| | |
|---|---|
| 苦甜巧克力 | 175克 |
| 鮮奶油 | 500克 |
| 蛋黃 | 4個 |

**內餡與表面**
| | |
|---|---|
| 南瓜 | 400克 |
| 黃砂糖 | 5大匙 |

圖**1**

圖**2**

# Sesame Chocolate Cookie

## 芝心小圓帽餅

中式點心中常出現的黑芝麻粉，
搭配巧克力用來烘焙餅乾非常合適。
外表沾裹滿滿的熟椰絲，可以品嘗到不同風味。

### 材料 Ingredients

**餅乾**

| | |
|---|---|
| 奶油 | 100克 |
| 細砂糖 | 90克 |
| 鹽 | 1小撮 |
| 全蛋 | 1個 |
| 香草精 | 1小匙 |
| 低筋麵粉 | 100克 |
| 可可粉 | 15克 |

**巧克力芝麻奶油**

| | |
|---|---|
| 苦甜巧克力 | 140克 |
| 鮮奶油 | 100克 |
| 奶油 | 20克 |
| 黑芝麻粉 | 40克 |

**裝飾**

| | |
|---|---|
| 調溫巧克力 | 適量 |
| 烤熟椰絲 | 適量 |

### Chef Tips! 小提醒

巧克力調溫可參照p.18。

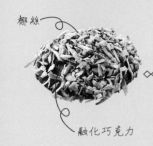

椰絲

融化巧克力

份量　20個
溫度與時間　上下火170℃，12～15分鐘
難易度　★★有點烘焙經驗，更易成功

圖❶

圖❷

## 做法

### 製作餅乾麵團Cookie Dough

**1** 奶油在室溫稍軟化後放入盆中，加入細砂糖、鹽混合，攪打至顏色變白鬆發。

**2** 加入蛋、香草精拌勻，再將混合過篩的低筋麵粉、可可粉一起加入拌勻成麵糊。

**3** 將麵糊裝入已放圓孔花嘴的擠花袋中，擠出一個個整齊排列，約直徑3公分的小圓餅（圖❶）。

### 烘烤Bake

**4** 移入預熱好的烤箱烤12～15分鐘，取出放涼備用。

### 製作巧克力芝麻奶油
### Chocolate Sesame Cream

**5** 巧克力切碎，放入鍋中，隔水加熱融化。

**6** 將鮮奶油、奶油和黑芝麻粉放入鍋中煮沸。

**7** 將做法5和做法6混勻。

### 組合裝飾Mix&Deco

**8** 取巧克力芝麻奶油塗抹在餅乾底部平坦面，以抹刀塑型，使呈圓錐狀（圖❷）。

**9** 將塗抹完奶油餡的餅乾尖椎朝下，沾覆調溫過的融化巧克力（圖❸）。

**10** 再反轉排放在網架上讓巧克力凝結，凝結前撒些烤熟椰絲在巧克力上即可（圖❹）。

圖❸

圖❹

# Chocolate Pumpkin Seeds Tuiles

薄而香酥、硬脆的瓦片餅乾，
是許多人最愛的餅乾。
這裡以南瓜籽取代傳統的杏仁片製作，
出爐時核果香氣彌漫，
忍不住食指大動。

## 巧克力南瓜籽片

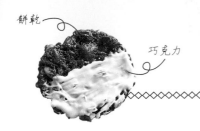

餅乾

巧克力

份量　15片
溫度與時間　上下火180℃，8～10分鐘
難易度　★簡單，新手操作也OK

## 材料 Ingredients

**餅乾**

| | |
|---|---|
| 鮮奶油 | 60克 |
| 奶油 | 30克 |
| 細砂糖 | 50克 |
| 蜂蜜 | 15克 |
| 生南瓜籽 | 70克 |
| 低筋麵粉 | 30克 |
| 薑粉 | 1/4小匙 |
| 糖漬柳橙皮絲 | 30克 |
| 葡萄乾或糖薑 | 50克 |
| 半甜巧克力 | 30克 |

**裝飾**

| | |
|---|---|
| 黑巧克力 | 70克 |
| 白巧克力 | 70克 |

## 做法

### 製作餅乾麵糊Cookie Dough

**1** 將鮮奶油、奶油、細砂糖、蜂蜜加入鍋中，以中小火煮沸。

**2** 拌入南瓜籽、過篩的低筋麵粉和薑粉混合均勻。

**3** 參照p.31製作糖漬柳橙皮。將橙皮絲、葡萄乾、巧克力都切碎，加入做法2中，拌勻成麵糊。

**4** 以湯匙將麵糊舀到已塗油的烤盤或烤墊上（圖❶）。

**5** 以湯匙背推壓成直徑約7公分大小（圖❷）。

### 烘焙Bake

**6** 移入預熱好的烤箱烤8～10分鐘，或至表面金黃冒泡即可。出爐後可以用7～8公分的圓圈模型，將南瓜籽片都壓成一致大小。

**7** 參照p.18，將巧克力融化調溫過，塗抹在放涼的南瓜籽片上，放回冰箱冷藏幾分鐘，讓巧克力凝結即可。

## Chef Tips! 小提醒

1. 南瓜籽片若烤焙不足，會軟軟黏黏的，但也要注意不要過度烤焙，否則其中的高糖高油脂很容易焦黑。

2. 免調溫巧克力因成分較不純、風味較不佳，所以裝飾部分選用調溫巧克力製作，經過正確方式調溫後的巧克力較具有光澤。如果不在乎美觀與光澤度，新手直接將巧克力融化，不調溫而直接使用也可以，但巧克力表面會呈現白白霧霧。

圖❶

圖❷

# Chocolate Kiss
## 巧克力之吻

利用不同種類的巧克力為主材料，
加上夾餡以及撒上可可粉，
完成這款多層次風味的小點心。
可愛的外型更令人愛不釋手。

可可粉
巧克力餅乾

份量　20個
溫度與時間　上下火180℃，5～7分鐘
難易度　★簡單，新手操作也OK

## 材料 Ingredients

**餅乾**

| | |
|---|---|
| 苦甜巧克力 | 90克 |
| 奶油 | 50克 |
| 細砂糖 | 50克 |
| 鹽 | 1/2小匙 |
| 全蛋 | 1個 |
| 低筋麵粉 | 140克 |
| 可可粉 | 15克 |
| 泡打粉 | 1/2小匙 |

**巧克力夾餡**

| | |
|---|---|
| 巧克力 | 50克 |
| 鮮奶油 | 15克 |

### Chef Tips! 小提醒

這類有夾餡的餅乾要盡快吃完，或者放入密封罐中，移入冰箱冷藏保存，但保存期限較一般無夾餡餅乾短。

## 做法

### 製作餅乾麵糊Cookie Dough

**1** 巧克力切碎、奶油切塊，一起放入鍋中隔水加熱融化，加入細砂糖、鹽，拌至糖融化。

**2** 加入蛋拌勻，再將低筋麵粉、可可粉、泡打粉混合過篩，加入做法1中拌勻成麵糊。

**3** 將麵糊加上蓋，移至冷藏約30分鐘或至麵糊變硬，取出挖出1小匙大小的半球形，排列整齊於鋪好烘焙紙的烤盤上（圖❶）。

**4** 移入預熱好的烤箱烤5～7分鐘或熟即可，取出放涼備用。

### 製作巧克力夾餡Chocolate Stuffing

**5** 將巧克力切碎，和鮮奶油放入鍋中隔水加熱至巧克力融化，攪拌光滑後放至稍涼。

### 組合Mix

**6** 將巧克力夾餡裝入圓孔花嘴的擠花袋中，擠在餅乾的底部平坦面（圖❷）。

**7** 夾上另一片餅乾即完成，可將完成的餅乾撒上些可可粉（份量外）（圖❸）。

圖❶

圖❷

圖❸

# 生巧克力磚

一塊塊整齊的方形巧克力磚，
柔軟口感與低甜度的風味令人深深著迷。
做成芝麻、抹茶和芒果風味，
你喜歡哪一種？

*Nama Chocolate*

芝麻生巧克力

芒果生巧克力

抹茶生巧克力

份量　芝麻生巧克力約360克、
　　　抹茶生巧克力約280克、芒果生巧克力約230克
時間　冷藏時間見做法
難易度　★簡單，新手操作也OK

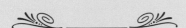

## 材料 Ingredients

**芝麻生巧克力**

| 牛奶巧克力 | 160克 |
| 鮮奶油 | 80克 |
| 無糖豆漿 | 80克 |
| 黑芝麻醬 | 40克 |
| 沾裹用芝麻粉 | 適量 |

**抹茶生巧克力**

| 苦甜巧克力 | 180克 |
| 鮮奶油 | 90克 |
| 抹茶粉 | 5～10克 |
| 梅酒 | 5～10克 |
| 沾裹用抹茶粉 | 適量 |

**芒果生巧克力**

| 牛奶巧克力 | 150克 |
| 冷凍芒果果泥 | 50克 |
| 麥芽糖 | 5克 |
| 檸檬汁 | 5克 |
| 奶油 | 20克 |
| 沾裹用可可粉 | 適量 |

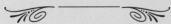

## 做法

# 製作芝麻生巧克力
# Sesame Nama Chocolate

**1** 牛奶巧克力切碎，放入盆中。

**2** 將鮮奶油倒入鍋中，以中小火煮沸即離火，置於一旁數分鐘稍降溫。

**3** 將豆漿倒入做法1中，靜置約1分鐘，讓巧克力吸收鮮奶油熱度融化。

**4** 攪拌至巧克力完全融化，甘納許的質地柔順閃亮，最後加入芝麻醬拌勻成芝麻甘納許。

**5** 將保鮮膜鋪墊在烤盤上，倒入芝麻甘納許後抹平，放入冷藏冰約2小時至硬（圖❶）。

**6** 取出冰硬的甘納許，切成約2.5×2.5公分的方塊（圖❷）。

**7** 沾裹芝麻粉即可（圖❸）。

圖❶

圖❷

圖❸

下一頁還有做法

## 製作抹茶生巧克力
### Matcha Nama Chocolate

**8** 參照做法1～4，當甘納許攪拌光滑，加入抹茶粉與梅酒拌勻成抹茶甘納許。

**9** 將保鮮膜鋪墊在烤盤上，倒入抹茶甘納許後抹平，放入冷藏冰約2小時至硬。

**10** 取出冰硬的甘納許，切成約2.5×2.5公分的方塊。

**11** 沾裹抹茶粉即可。

## 製作芒果生巧克力
### Mango Nama Chocolate

**12** 巧克力切碎，放入盆中隔水加熱至約3/4量的巧克力融化。

**13** 將芒果果泥、麥芽糖、檸檬汁加入鍋中煮沸（圖❹、圖❺），然後倒入做法12中攪拌（圖❻、圖❼），由於濕性材料較少，再以隔水加熱至所有巧克力融化（圖❽）。

圖❹

圖❺

圖❻

圖❼

圖❽

14 將奶油切塊，加入做法13中繼續攪拌
（圖❾、圖❿）。

15 以均質機低速攪拌至光滑，完成芒果甘
納許（圖⓫）。

16 將保鮮膜鋪墊在烤盤上，倒入芒果甘納
許後抹平，放入冷藏冰約2小時至硬。

17 取出冰硬的甘納許，切成約2.5×2.5公分
的方塊。

18 沾裹可可粉即可。

圖❾

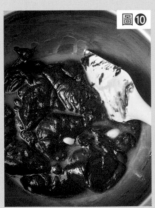
圖❿

圖⓫

## Chef Tips! 小提醒

製作生巧克力磚的內餡甘納許的適合比例，即巧克
力：濕性材料（鮮奶油、奶油、糖、酒等）＝ 2：1。
因為生巧克力磚只會在甘納許外沾上一層裹粉（如可
可粉、抹茶粉等），所以其中甘納許的巧克力比例較
高，質地較扎實，不易過軟。

# Chocolate Dipped Candied Orange Slices

## 巧克力蜜橙片

黃澄澄的蜜橙片佐黑巧克力，你一定會愛上這種細膩的滋味！
雖然製作上稍微耗時，但品嘗到成品，絕不會後悔。

蜜橙片

黑巧克力

## 材料 Ingredients

| | |
|---|---|
| 柳橙（香吉士） | 4顆 |
| 水 | 500克 |
| 細砂糖 | 400克 |
| 鹽 | 1小撮 |
| 麥芽糖 | 100克 |
| 調溫黑巧克力（70%） | 適量 |

份量　柳橙4顆的量
溫度與時間　4天（總製作天數）；
　　　　　　上下火100℃，60分鐘（橙片）
難易度　★簡單，新手操作也OK

## 做法

### 第1天Day 1

**1** 柳橙先以清水將外皮洗刷乾淨，再以竹籤或叉子在外皮均勻刺洞（大約30個刺孔，但彼此間不要太密集，刺孔深度要刺穿果皮）。

**2** 將柳橙放入鍋中，加入足夠的冷水（浸泡柳橙的水是份量外，非配方中的水）和1小撮鹽，在水面上取平盤壓蓋，讓柳橙完全浸於水中，浸泡1小時後倒掉水，重新加入新的冷水與鹽，再壓蓋上平盤，以小火加熱至沸騰再倒掉熱水。如此再重複以上步驟兩次，最後換新浸泡的水過夜。

### 第2天Day 2

**3** 隔天再將浸泡的水換新，每隔2～3小時換一次，當天換水5次以上，入睡前再換新浸泡的水過夜。

### 第3天Day 3

**4** 將柳橙取出切除頭尾後，切成約0.5公分圓片，不宜切太薄，以免在蜜煮過程中會破裂變形。

**5** 取鍋體較厚實且耐酸的鍋（如鑄鐵琺瑯鍋），放入一層糖後再排上一層橙片，如此重複交疊，再倒入水至接近淹過橙片即可。使用糖量大約相同於橙片重量，約為使用水量的80%。

**6** 以小火不加蓋加熱至滾約15分鐘即可熄火待涼，再重複加熱放涼步驟兩次，最後浸泡過夜（最後一次加熱時，將鹽和麥芽糖加入）。

下一頁還有做法

## 第4天Day 4

**7** 準備烤盤，上面放上網架，將橙片小心取出排在網架上，放入預熱100℃的烤箱烤約30分鐘取出，將橙片翻面再繼續烘烤30分鐘。

**8** 完成烘烤的橙片放涼風乾後，即可沾浸於融化調溫過的黑巧克力，再待巧克力凝結即完成巧克力蜜橙片（圖❶、圖❷）。

**9** 蜜煮後的糖漿可冷藏保存使用於飲品糕點。

**10** 將蜜橙片如右頁成品圖，沾裹一半面積調溫過的融化黑巧克力，放入冰箱冷藏，等巧克力凝結即可。

圖❶

圖❷

### Chef Tips! 小提醒

1. 蜜橙片的做法簡單卻耗時繁瑣，是個考驗耐心的好機會。更講究的做法是在蜜煮過程中每天只煮一次，連煮5～7天以上，而風乾也使用自然風乾，耗時多日以上，整個過程可長達2～3星期，當然換來的蜜橙片風味與口味也更為細緻。

2. 巧克力融化調溫的方法可參照P.18。

# Caramel Nuts Chocolate

## 焦糖核果巧克力

夏威夷豆、整顆杏仁、榛果……
可以隨個人的喜好選擇不同核果，
核果沾裹特製焦糖醬和巧克力，
送禮、自用都合適！

黑巧克力

白巧克力

**份量** 1個約20克， 可做約20個
**難易度** ★簡單，新手操作也OK

## 做法

### 製作焦糖核果Caramel Nuts

**1** 取1/2量的細砂糖和檸檬汁加入鍋中，以中小火加熱，若使用瓦斯爐明火煮糖，火焰不可超過糖的高度，避免將鍋邊的糖煮焦。

**2** 當糖接近都融化時，將剩餘的糖分次加入融合，再繼續煮至糖呈琥珀色。

**3** 加入熟核果和糖液混勻，讓所有核果都披覆上糖液。

**4** 隨即離火，以湯匙將焦糖核果迅速分成一小坨一小坨，放置在塗上植物油的烤盤上，待焦糖冷卻變脆硬。

### 組合Mix

**5** 參照p.18，將巧克力融化調溫過，將焦糖核果沾浸巧克力，再取出置於網架或烘焙紙上，待巧克力凝結。

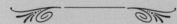

### 材料 Ingredients

| | |
|---|---|
| 細砂糖 | 200克 |
| 檸檬汁 | 10克 |
| 熟核果 | 200克 |
| 黑或白調溫巧克力 | 100克 |

Chef Tips!
小提醒

若使用整顆核果，和糖的比例是1：1，若是使用切片或碎核果，和糖的比例則可增加為1：2。

# Truffle Chocolate

利用冰淇淋挖球器、保鮮膜、擠花袋，
製作不同造型的巧克力。
搭配核果、酒和抹茶，
品嘗更多種風味。

## 松露巧克力

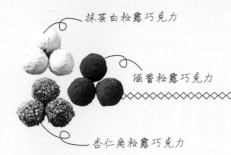

抹茶白松露巧克力

酒香松露巧克力

杏仁角松露巧克力

份量　每種約20個
難易度　★簡單，新手操作也OK

## 材料 Ingredients

**杏仁角松露巧克力**

| | |
|---|---|
| 基本甘納許 | 200克 |
| 熟杏仁角 | 50克 |

**抹茶白松露巧克力**

| | |
|---|---|
| 抹茶甘納許 | 200克 |
| 白巧克力 | 100克 |

**酒香松露巧克力**

| | |
|---|---|
| 酒香甘納許 | 200克 |
| 黑巧克力 | 100克 |

## 做法

### 製作杏仁角松露巧克力
### Almond Truffle Chocolate

**1** 參照p.23，製作基本甘納許。

**2** 從冷藏取出冰硬的基本甘納許，以直徑2.5公分的冰淇淋挖球器，挖出約10克的圓球（圖❶）。

**3** 將甘納許圓球在杏仁角上滾動，均勻沾裹即可（圖❷）。

### 製作抹茶白松露巧克力
### Matcha White Truffle Chocolate

**4** 參照p.25，製作抹茶甘納許。

圖❶

圖❷

下一頁還有做法

**5** 從冷藏取出冰硬的抹茶甘納許，若沒有冰淇淋挖球器，可以湯匙挖出約10克的甘納許，再以保鮮膜包覆起來，放在手心上搓圓，放回冷藏冰硬（圖❸）。

**6** 參照p.18，巧克力切碎，放入鍋中，隔水加熱融化後調溫。

**7** 取出冰硬的甘納許球沾浸於調溫巧克力中，取出後待巧克力外殼開始凝結時，即可移放在不鏽鋼格網架滾動，製造出外殼的不規則紋路，再置旁待巧克力外殼完全凝結。

圖❸

圖❹

## 製作酒香松露巧克力
### Wine Truffle Chocolate

**8** 參照p.24，製作酒香甘納許。

**9** 將放入冷藏開始凝結的酒香甘納許取出拌軟，填入已放1公分圓孔花嘴的擠花袋中，在烘焙紙上擠出一顆顆圓球後，再放回冷藏冰硬（圖❹）。

**10** 參照p.18，巧克力切碎，放入鍋中，隔水加熱融化後調溫。

**11** 取出冰硬的甘納許，去除保鮮膜，將甘納許球沾浸於調溫巧克力中，取出放烘焙紙上待巧克力外殼凝結，沾裹上可可粉即可。

## Chef Tips!
小提醒

製作松露巧克力內餡甘納許的適合
比例是巧克力：濕性材料（鮮奶
油、奶油、糖、酒等）＝ 2：3，
因為松露巧克力會在甘納許外披覆
一層調溫巧克力或碎核果等較硬的
外殼，所以其中甘納許的濕性材料
比例可以較高，甘納許的質地較柔
軟，也更入口即化。

# South Island Cocktail

## 南島風情輕調酒

小週末的夜晚，三五閨密一邊聊著心事，
一邊品嘗這款巧克力調酒，讓身心好好放鬆！

份量　1杯
難易度　★簡單，新手操作也OK

### Chef Tips! 小提醒

巧克力糖漿當作基底，搭配不同的酒與果汁，又可變化出風味各異的飲品。

### 材料 Ingredients

**巧克力糖漿**

| | |
|---|---|
| 苦甜巧克力 | 45克 |
| 鮮奶油 | 180克 |
| 細砂糖 | 30克 |
| 可可粉 | 15克 |

**調酒**

| | |
|---|---|
| 碎冰塊 | 適量 |
| 蘭姆酒 | 2大匙 |
| 椰子水 | 3大匙 |
| 鳳梨汁 | 3大匙 |
| 巧克力糖漿 | 3大匙 |
| 新鮮鳳梨 | 適量 |
| 新鮮薄荷葉 | 適量 |

### 做法

#### 製作巧克力糖漿
#### Chocolate Syrup

1 巧克力切碎，放入鍋中。

2 將鮮奶油和細砂糖、過篩可可粉混合後，以小火加熱煮開，倒入做法1中攪拌融化至光滑，過篩後放涼。

#### 製作調酒Cocktail

3 取一玻璃杯，裝入8分滿的碎冰塊，將蘭姆酒、椰子水、鳳梨汁放入雪克杯混合均勻後倒入玻璃杯中。

4 將巧克力糖漿也緩緩倒入，讓杯中冰飲呈現兩種顏色與風味。

#### 製作調酒Cocktail

5 以新鮮鳳梨與薄荷葉裝飾即可。

份量　2杯
難易度　★簡單，
　　　　新手操作也OK

## 材料 Ingredients

**熱可可**

| | |
|---|---|
| 苦甜巧克力（70%） | 100克 |
| 水 | 250克 |
| 黃砂糖 | 1大匙 |
| 肉桂棒 | 1支 |
| 香草莢 | 1/4支 |
| 豆蔻 | 1個 |
| 辣椒粉 | 適量 |
| 肉豆蔻 | 少許 |
| 長條柳橙皮 | 1/6顆 |

**裝飾**

| | |
|---|---|
| 肉桂粉 | 適量 |

# Azteca Hot Cocoa

## 阿茲提克熱可可

小週末的夜晚，

三五閨密一邊聊著心事，

一邊品嘗這款巧克力調酒，

讓身心好好放鬆！

## 做法

### 製作熱可可
#### Hot Cocoa

**1** 巧克力切碎，香草莢剖開，豆蔻稍壓碎備用。

**2** 將水、黃砂糖、所有香料與橙皮加入鍋中，以小火煮沸，加上蓋置旁燜約30分鐘，讓所有香料的味道都釋放融合。

**3** 撈出所有香料果皮，加入碎巧克力，以小火繼續加熱讓巧克力融化，可使用打蛋器攪拌，讓熱巧克力融合並產生泡沫，加熱至沸騰前熄火。

### 裝飾Deco

**4** 倒入杯中，撒上些許肉桂粉即可享用。

**Chef Tips! 小提醒** 可以用牛奶取代水製作，口感會更滑順，或是使用鮮奶油，喝起來更奶香濃郁。

# 真正的幸福貨幣

甜點世界的眾多食材中，巧克力絕對有資格站上王者之位，任何種類的糕點做成了巧克力口味，不僅無違和，還因此更加迷人。過去許多人對巧克力有著高糖高熱量的負面印象，似乎巧克力難以和健康有關連，而隨著食品與醫學研究的進步，讓我們得以重新認識巧克力對生理健康的益處，在心理層面上，也證實了巧克力能帶給人們幸福快樂感。所以，為了讓讀者們能更享受巧克力的美好風味，我特別在這本書中挑選出烘焙新手、進階者都能製作的點心，包括了蛋糕、慕斯、塔派、餅乾、糖果和飲料等，種類相當豐富。

一提起巧克力，常讓我們聯想到甜蜜、幸福、熱情和愉悅，但這美好的背後，其實是由無數的淚與汗堆砌而成。那些適合可可樹生長的國家地區，卻是資本經濟體系中最弱勢的一群，資本家自然將貪婪之爪深入這些赤貧地區，他們以低價向當地農民收購，或是雇用低廉勞工、非法童工，甚至是血汗童奴。西非的象牙海岸是可可豆的生產重鎮，據估仍有10萬名童奴在可可園工作，他們被僅以不到數千元新台幣的價碼販賣，被迫終年終日長時工作，得到的僅僅是粗陋三餐果腹和可能的極微薄工資，終其一生在可可園工作，卻嘗不起一口巧克力。

絕大多數的可可豆都由財團控制，而市面上的巧克力原料大宗則來自這些被剝削者的血汗。剝削這些底層農民童工的，固然是黑心無良的商

人，但餵養商人的，卻是我們這群消費者。我們可以選擇拒絕消費，或是支持公平交易的巧克力，所謂「公平交易」，就是消費者以合理的價格向生產製造者購買，也可以說是盡可能地直接向生產者購賣，減少中間層層的商業體系剝削。公平交易是一種貿易方式，最終目標是讓小農們能夠在世界市場中成為活躍的一部分，並要促進消費者因為認同理念而購買公平交易商品。公平交易是由生產者與消費者自願採用的商業模式，目標是改善經濟、社會及環境。公平交易適用以民主方式組成的小農或小規模的生產者們，如果他們不是以民主方式組成，那麼你只會看到傳統取向或類似TransFair USA及某些歐洲認證單位正嘗試做的所謂「公平貿易」，這不是公平貿易，不會帶來正面效益。

消費是一種選擇，也是我們表達理念與態度的方式，我們可以選擇減少不必要且廉價的消費，支持較高價但對生產者合理利潤與對環境更友善的消費方式。美好的巧克力無罪，也值得享受，可怕的是背後操縱的金權黑手。期許有一天，巧克力可以成為真正的幸福貨幣，讓生產者能夠過著自給自足的幸福生活，讓消費享受的我們除了吃到巧克力的甜美，也品嚐分享生產者的幸福與用心。

金一鳴　2017年11月

國家圖書館出版品預行編目

人人都喜歡的巧克力點心：從新手到進階都會做的蛋糕、
慕斯、塔派、餅乾、糖果、飲品和裝飾、醬汁／金一鳴著．
-- 初版 . -- 臺北市：朱雀文化 , 2017.12.
面；公分 -- (Cook50；170)
ISBN 978-986-95344-6-8 (平裝)

1. 點心食譜 2. 巧克力

427.16                                                      106022977

Cook50170

# 人人都喜歡的巧克力點心

從新手到進階都會做的蛋糕、慕斯、塔派、
餅乾、糖果、飲品和裝飾、醬汁

| | |
|---|---|
| 作者 | 金一鳴 |
| 攝影 | 徐榕志 |
| 封面與完稿 | 張榮洲 |
| 版型 | 鄭雅惠 |
| 編輯 | 彭文怡 |
| 校對 | 連玉瑩 |
| 行銷 | 石欣平 |
| 企畫統籌 | 李橘 |
| 總編輯 | 莫少閒 |
| 出版者 | 朱雀文化事業有限公司 |
| 地址 | 台北市基隆路二段 13-1 號 3 樓 |
| 電話 | 02-2345-3868 |
| 傳真 | 02-2345-3828 |
| 劃撥帳號 | 19234566 朱雀文化事業有限公司 |
| e-mail | redbook@ms26.hinet.net |
| 網址 | http://redbook.com.tw |
| 總經銷 | 大和書報圖書股份有限公司 （02）8990-2588 |
| ISBN | 978-986-95344-6-8 |
| 初版一刷 | 2017.12 |
| 定價 | 360 元 |
| 出版登記 | 北市業字第 1403 號 |

＊感謝馥聚有限公司提供巧克力與食品拍攝
http://www.betterfoody.tw

About 買書：

●朱雀文化圖書在北中南各書店及誠品、金石堂、何嘉仁等連鎖書店均有販售，如欲購買本公司圖書，
建議你直接詢問書店店員。如果書店已售完，請撥本公司電話（02）2345-3868。

●●至朱雀文化網站購書（http://redbook.com.tw），可享 85 折起優惠。

●●●至郵局劃撥（戶名：朱雀文化事業有限公司，帳號 19234566），掛號寄書不加郵資，4 本以下
無折扣，5～9 本 95 折，10 本以上 9 折優惠。

ocolate Dessert Recipe & Technique & Ganache & Sauce & Deco &Chocolate Dessert Recipe & Technique & Ganache & Sauce & Deco &Chocolate Dessert Recipe & Technique & Ganache & Sauce & Deco &Chocolate Dessert Recipe & Technique & Ganache & Sauce & Deco &Chocolate Dessert Recipe & Technique & Ganache & Sauce & Deco &Chocolate Dessert Recipe & Technique & Ganache & Sauce & Deco &Chocolate Dessert Recipe & Technique & Ganache & Sauce & Deco &Chocolate Dessert Recipe & Technique & Ganache & Sauce & Deco &Chocolate Dessert Recipe & Technique & Ganache & Sauce & Deco &Chocolate Dessert Recipe & Technique & Ganache & Sauce & Deco &Chocolate Dessert Recipe & Technique & Ganache & Sauce & Deco &Chocolate Dessert Recipe & Technique & Ganache & Sauce & Deco &Chocolate Dessert Recipe & Technique & Ganache & Sauce & Deco &Chocolate Dessert Recipe & Technique & Ganache & Sauce & Deco &Chocolate Dessert Recipe & Technique & Ganache & Sauce & Deco &Chocolate Dessert Recipe & Technique & Ganache & Sauce & Deco &Chocolate Dessert Recipe & Technique & Ganache & Sauce & Deco &Chocolate Dessert Recipe & Technique & Ganache & Sauce & Deco &Chocolate Dessert Recipe & Technique & Ganache & Sauce & Deco &Chocolate Dessert Recipe & Technique &

Chocolate Dessert Recipe & Technique & Ganache & Sau
& Deco & Chocolate Dessert Recipe & Technique & Ganac
& Sauce & Deco & Chocolate Dessert Recipe & Techniq
& Ganache & Sauce & Deco & Chocolate Dessert Recipe
Technique & Ganache & Sauce & Deco & Chocolate Dess
Recipe & Technique & Ganache & Sauce & Deco & Chocol
Dessert Recipe & Technique & Ganache & Sauce & De
& Chocolate Dessert Recipe & Technique & Ganache & Sau
& Deco & Chocolate Dessert Recipe & Technique & Ganac
& Sauce & Deco & Chocolate Dessert Recipe & Techniq
& Ganache & Sauce & Deco & Chocolate Dessert Recipe
Technique & Ganache & Sauce & Deco & Chocolate Dess
Recipe & Technique & Ganache & Sauce & Deco & Chocol
Dessert Recipe & Technique & Ganache & Sauce & De
& Chocolate Dessert Recipe & Technique & Ganache & Sau
& Deco & Chocolate Dessert Recipe & Technique & Ganac
& Sauce & Deco & Chocolate Dessert Recipe & Techniq
& Ganache & Sauce & Deco & Chocolate Dessert Recipe
Technique & Ganache & Sauce & Deco & Chocolate Dess
Recipe & Technique & Ganache & Sauce & Deco & Chocol
Dessert Recipe & Technique & Ganache & Sauce & De
& Chocolate Dessert Recipe & Technique & Ganache & Sau
& Deco & Chocolate Dessert Recipe & Technique & Ganac
& Sauce & Deco & Chocolate Dessert Recipe & Technique